鄂尔多斯水权转换对土壤盐分运移规律的影响

谷晓伟　著

黄 河 水 利 出 版 社

·郑 州·

内 容 提 要

本书以水权转让二期工程为背景,以南岸灌区为研究区域,在田间试验和土柱试验监测的基础上,分析不同灌溉条件下土壤耕作层水盐运移规律,研究喷、滴灌条件下耕作层盐分富集变化趋势,探讨改善耕作层盐分富集的对策措施;通过建立数学模型,模拟预测不同灌溉方式下耕作层土壤盐分变化趋势,提出节水控盐的灌溉制度。

图书在版编目(CIP)数据

鄂尔多斯水权转换对土壤盐分运移规律的影响/谷晓伟著.—郑州:黄河水利出版社,2022.11

ISBN 978-7-5509-3464-1

Ⅰ.①鄂… Ⅱ.①谷… Ⅲ.①黄河-灌区-水资源管理-研究②黄河-灌区-土壤盐渍度-研究 Ⅳ.①TV213.4②S155.2

中国版本图书馆 CIP 数据核字(2022)第 236674 号

组稿编辑:贾会珍　电话:0371-66028027　E-mail:110885539@qq.com

出 版 社:黄河水利出版社　网址:www.yrcp.com

地址:河南省郑州市顺河路黄委会综合楼 14 层　邮政编码:450003

发行单位:黄河水利出版社

发行部电话:0371-66026940、66020550、66028024、66022620(传真)

E-mail:hhslcbs@126.com

承印单位:河南新华印刷集团有限公司

开本:787 mm×1 092 mm　1/16

印张:8.25

字数:144 千字

版次:2022 年 11 月第 1 版　印次:2022 年 11 月第 1 次印刷

定价:56.00 元

前　言

鄂尔多斯市煤炭资源丰富，为国家经济战略宏观布局中西部能源重化工基地之一，但用水主要依赖过境黄河水，属典型资源型缺水地区。为解决经济发展用水，自2003年开始，鄂尔多斯通过水权转让的方式对黄河南岸灌区进行了两期节水改造，其中二期水权转让是通过田间管理、种植结构调整、实施喷灌与滴灌高效节水技术等方式，发展高效节水的现代农业。但喷、滴灌在高效节水灌溉的同时也对土壤水盐运移产生了影响。喷、滴灌条件下耕作层盐分富集问题的研究，是现代高效节水农业能否顺利实施的关键，直接关系到鄂尔多斯二期水权转让的成败。

本项目采用点面结合、连续观测与巡测相结合的试验布置方式进行了田间和土柱试验，在试验观测基础上，得出了灌溉期内土壤耕作层水分、盐分及典型监测点地下水埋深变化规律，以及不同土壤深度盐分、水分及典型监测点地下水埋深年内及年际间变化规律。基于规律分析研究了不同灌溉方式、不同灌溉水量下土壤水盐的迁移转化过程，辨析了不同灌溉方式下土壤水盐变化与各因素之间的响应关系，建立了土壤水盐运动数值模拟模型，预测了不同灌溉方式、灌溉制度土壤耕作层盐分多年变化趋势。最终提出了鄂尔多斯南岸灌区喷、滴灌的适用条件和节水控盐灌溉制度，并对水权转让制度提出了建议和意见。

本书为鄂尔多斯市现代农业发展和二期水权转让实施提供有力的技术支持，对鄂尔多斯水权转让二期项目顺利实施、乃至西北地区灌区节水改造工作具有重要的理论和现实意义。

作　者

2022年9月

目　录

1 鄂尔多斯南岸灌区土壤概况

1.1 鄂尔多斯南岸灌区概况及盐渍化治理概况

1.1.1 鄂尔多斯南岸灌区概况

工程所在的黄河南岸灌区位于鄂尔多斯北部黄河冲积平原区,灌区总灌溉面积139.62万亩(1亩=1/15 hm^2,下同),是自治区主要商品粮基地之一,也是鄂尔多斯地区最大的引黄自流灌区。

2004年,南岸灌区在全国率先实施了“水权转换”,即“企业投资节水,农业转换水权”。通过水权转换节水改造,科学合理配置黄河水资源,既可节约农业灌溉成本,又可有效满足新建工业项目用水需求,从而达到农业和工业发展的双赢目标。近年来,南岸灌区先后实施一、二期水权转换工程,累计完成投资22.67亿元,完成节水灌溉面积75.82万亩,衬砌干渠255.46 km,各级支渠2 300余km。其中,完成喷灌9.71万亩、大田滴灌20.2万亩、地下水大棚滴灌1.75万亩、畦田改造44.16万亩。

1.1.2 节水灌溉与盐碱化治理

控制和调节土壤水运动,是治理和防范土壤次生盐碱化的关键。节水灌溉与土壤盐碱化的关系表现在以下几个方面。首先,节水灌溉直接节约了水资源,理论上给洗盐水提供了保障。其次,节水灌溉减少了灌水量,在直接减少入田盐分的同时,减少了灌溉水的深层渗漏,可以控制地下水位、抑制地下水或下层盐分向上层积累。另外,覆膜滴灌等节水灌溉控制株间无效蒸发,减缓土壤水上移速度,从而减少耕作层盐分富集。

西北地区土壤盐碱化面积较大,洗盐压碱是该地区农业生产的重要组成部分。在长期的生产实践中,许多有效的治盐方式被加以利用,包括节水工程、节水技术与节水管理等。

1.1.2.1 节水工程

灌溉渠道在长期和定期输水期间,以其渗漏水量和较高水头的静水压力向两侧地下水补给、顶托，使两侧地下水位迅速升高，因而形成盐渍土沿着渠道两侧的带状分布。一般而言，土壤盐碱化程度从渠道向远处逐渐减少，但大型渠道两侧盐碱化有持续延伸的特点。

与衬砌渠道相比，低压管道灌溉具有渗漏少、易管理、水分利用效率高等更加明显的优势。采用衬砌渠道或管道灌溉不仅可以减少渠道水量的渗漏损失、提高灌溉水利用系数，还可以有效控制地下水位、减少地下水位抬升，从而达到控盐的目的。

1.1.2.2　节水技术

高效节水灌溉技术突出的节水能力已在大量试验和实践中得到证明，通过改善根区水盐条件可以保障作物生长，但盐分很难直接从田间排走。往往节灌技术的节水潜力越大，土壤盐分的控制范围越浅。如采用膜下滴灌、地下滴灌，土壤盐分在湿润锋边缘积聚，虽然暂时不影响作物根系生长，但这些盐分在半干旱地区下小雨时又可能被带进根区，引起"小雨死苗"；在降水量极小地区，湿润锋边缘积聚的盐分甚至会给第二年作物的播种出苗造成危害（宰松梅，仵峰，丁铁山，等，2010）。郑金丰（2000）也指出，盐碱地喷灌、滴灌一定要与其他改良措施结合起来，否则难以收到应有的效果；播前灌或冬灌应采用大定额喷、滴灌或地面灌溉，以便蓄墒压盐，王永增（2005）也得到了相似的结论。

1.1.2.3　节水管理治盐

农业节水和盐碱地改良是一项长期而艰巨的任务，必须制定统一的节水和盐碱地治理规划，统筹考虑节水和盐碱地改良之间的相互关系。在发展节水灌溉的同时，应考虑盐碱地改良的所需水量，采用适宜的节水措施及严格的灌溉制度；对盐碱化较轻和治理后的灌区，也应建立灌区地下水位和土壤监测系统，及时掌握地下水和土壤的动态，防止发生土壤次生盐碱化。除采用常规水源灌溉外，在地下水位较高的盐碱土地区，开发利用地下水进行灌溉，可以减小农业生产对淡水的需求，降低排水系统的压力，同时可以降低地下水位，减少或最终消除土壤的次生盐碱化，从根本上治理盐碱化。在易盐碱化地区，根据淋洗需水量要求，通过适当的灌溉管理方法发展微咸水、劣质水灌溉，既可保持耕层土壤盐分不超过规定值，又能避免过量灌溉引起地下水位上升，同时可在一定程度上节约宝贵的淡水资源。

完善灌排系统，建立工程运行及检修制度是节水防盐工程管理的主要内容。节水防盐综合管理为盐碱化治理的复合手段，如利用水价机制鼓励、推动节水灌溉；通过提高管理人员素质以实现灌排系统的高效运转等。

1.1.3 盐碱地改良方法

西北地区是盐渍化危害的重灾区,其形成过程受到西北地区特殊的地理地质状况及自然气候条件的主导,但与人类不合理的农业生产方式也有着密切的关系。

灌区盐碱地的治理主要有水利改良、生物改良、物理改良及化学改良(陈玉林,2011)等几种模式。在实际操作中,各种模式往往相互穿插,以达到更好的应用效果。水是盐运动的媒介,水利措施在盐碱化治理中起着非常重要的作用。从盐分变化角度来看,水利治盐主要从减少输入盐、增加输出盐与优化土壤盐分布等几个方面着眼。

减少盐分的输入是从源头上减少盐分流入田间的过程。常见的降低盐分输入量的方式有节水灌溉、渠道衬砌等。节水灌溉与渠道衬砌在减少土壤水入渗量的同时,减少了土壤盐分的绝对输入量,降低了灌溉水对地下水的补给力度,控制了地下水位,间接减少了潜水蒸发,从而起到减盐作用。

对于区域广大的农田来说,直接减少盐分输入的作用往往有限,通过加大排水量,增加盐分输出,是更加行之有效的控盐手段。比较常见的方法有明渠、暗管及竖井排水等。排水措施通过排除田表、土壤或地下水带走盐分,同时降低地下水位,防止盐分在地表聚集。在排水系统健全的情况下,洗盐可以较好地减少土壤盐分,若排水不畅,洗盐反而可能加重土壤盐碱化程度(王永增,2005)。

西北地区地下水矿化度高,地表水缺乏,降水稀少,排水洗盐需水量大,经济性差(何文寿,刘阳春,何进宇,2010),因此将盐分"迁移"出耕作层,优化盐分在土壤中的分布,是盐碱地改良土壤的一个重要方向。大水压盐是最传统的土壤盐碱化治理方式。压盐经大水漫灌,使盐分随地下水压入深层或田侧。西北各省份常见的"秋浇""冬浇""春灌"一般都含有大水压盐作用。除此之外,井渠结合灌溉也是一种行之有效的改土手段。在地下水位较高地区,利用井灌降低地下水位,同时间歇运用渠灌洗盐,可以达到节水与控盐双赢的成效。

1.2 研究背景及意义

土壤盐渍化对农作物生长危害极大。过多的易溶盐能够破坏土壤团聚结构,阻碍作物根系正常的水分吸收,影响作物生长。黄河南岸灌区(简称南岸灌区)是鄂尔多斯市域内最大的用水户,多年平均耗水指标6.2亿m^3,占区域总指标的88.8%。较落后的灌溉管理、不匹配的灌排系统,使灌区在占用大量耗水指标的同时,也饱受土壤盐渍化危害。为盘活有限的水资源存量,引导水资源向经济高效行业转移,鄂尔多斯市自2003年开始以水权转换(水权转让)的方式对南岸灌区进行节水改造。内蒙古自治区编制了《内蒙古自治区黄河水权转换总体规划报告》,在自流灌区进行了水权转换试点一期工程建设(简称一期工程),水权转让一期工程通过渠系改造实现灌区输水节水。但一期工程实施后鄂尔多斯工业用水仍十分紧缺,因此鄂尔多斯又开展了"鄂尔多斯市引黄灌区水权转换暨现代农业高效节水工程"(简称二期工程),二期工程以田间配套为重点,以发展喷、滴、畦田灌和种植结构调整等为抓手,实施田间节水,推动农业生产向深度节水发展。

在不同的灌溉方式中,喷灌和滴灌等高效节水技术可避免产生地面径流和深层渗漏损失,有效节约灌溉水量,提高水的利用效率。但灌溉方式的改变必将对土壤水盐运移产生影响,较浅的湿润层可能造成盐分在土壤浅层富集,特别是在土壤盐分本底值较高的区域,这一改变不可避免地增大了土壤盐渍化风险。一旦土壤盐分富集影响了农作物的正常生长,农户可能重新采用传统漫灌方式。这样一来,一方面原有工程荒废将造成工程投资的巨大浪费;另一方面,由于实施喷、滴灌工程产生的节水量已转让给企业,恢复大水漫灌势必要加大当地引黄用水量,从而加大对黄河水资源的需求,影响整个流域水资源总量控制管理。由此可见,灌溉方式改变后会不会出现耕作层土壤盐分富集,采用什么样的灌溉制度可以延缓这种趋势,是直接关系到二期水权转换成败的关键所在。

因此,本书以南岸灌区为重点,在田间试验监测的基础上,分析不同灌溉条件下土壤耕作层水盐运移规律;通过建立数学模型,模拟预测不同灌溉方式下耕作层土壤盐分的变化趋势,提出节水控盐的灌溉制度,对鄂尔多斯水权转让二期项目顺利实施,乃至西北地区灌区节水改造工作具有重要的理论和现实意义。

1.3 国内外研究进展

1.3.1 土壤水盐运移规律研究

水是土壤溶质迁移转化的重要媒介,土壤水盐迁移过程实际就是水与溶质间直接或间接相互影响、相互作用的过程。土壤水的运动过程是认识土壤盐分运动机制的基础,对土壤水盐运移规律的研究主要集中在土壤盐分时空变异、水盐迁移机制、驱动力等方面。在土壤时空变异分析上,Douaik 等和 Cemek 等分别分析了匈牙利东部和土耳其北部冲积平原田间土壤盐分空间变化,得出土壤盐分空间变异性主要由地下水位、排水、灌溉系统以及微地形等因素控制。Wang 等通过调查和试验观测从宏观、中观及微观尺度上对黄河三角洲盐碱化空间变异性进行了分析。Huang 等利用 EM38 电磁感应电导仪对澳大利亚墨-累达令河流域下游盐渍化危害进行了评估,并绘制了盐渍化风险区域分布图。Scudiero E 等提出了时空协方差分析模型(t-anocova),对美国加利福尼亚地区土壤盐分的时空变异性进行了研究。空间时空变异性是掌握土壤盐分运动与分布规律的基础,是指导农业生产和盐渍化治理的基础依据,但其对土壤水盐运动的认识侧重在盐分的横向迁移上,对以蒸发-下渗为动力约束的土壤盐分垂向运动认识不足。

土壤水盐垂向运移规律研究主要集中在试验观测与理论分析两方面。在试验观测的基础上,张书兵等研究了干旱内陆河灌区灌溉条件下土壤水盐运移,认为土壤中的易溶盐在灌溉期间可被淋洗到土层深度 2 m 以下,对土壤盐分变化的分析可为精确制定灌溉制度提供依据。郭全恩等对半干旱区环境因素与表层积盐关系进行了研究,结果表明不同土层全盐含量随潜在累积蒸发量的增加而增大,表层土随着含水量的增加有积盐趋势,并提出了土壤盐分“活动面”的概念。毛海涛等分析了干旱区不同土壤类型地表积盐发生及变化规律,发现颗粒越粗土壤越容易积盐,颗粒越细积盐现象发生越滞后,但累积影响更加严重。除关注常规生育期灌溉与土壤盐分运移响应规律外,大水洗盐也是各方关注的热点。彭振阳等针对河套灌区春季反盐问题,研究了秋浇条件下季节性冻融土壤盐分运动规律,结果表明秋浇在短期内只是将上层土壤盐分淋洗至下层,没有完全达到淋洗盐分的目的。Liu 等研究发现用电导率 7.42 dS/m 的微咸水进行膜下滴灌,用 150 mm 秋浇定额淋洗后,土壤盐分可淋洗到 60 cm 以下土层,下一年根区电导率仅为 0.2 dS/m,表明秋浇能很好地控制滴灌土壤盐分。姚宝林等研究了冻融期灌水和覆盖后南疆棉田水热盐运移状况表明,秸秆覆盖及冬灌可以有效抑制 0~30 cm 土层含盐量。孙贯芳等基于田间试验对干旱区膜下滴灌土壤水热盐效应及秋浇洗盐灌溉效果进行了研究,结果表明膜下滴灌土壤盐分由膜内向膜外富集,一年一秋浇条件下土壤盐分淋洗效果良好,建议灌区采用生育期滴灌和非生育期洗盐相结合的双重调控灌溉制度。试验观测是分析土壤水盐迁移转化的重要手段,但因其试验设置及特定区域条件的限制,往往使其成果具有一定的局限性。

与试验观测法相区别，理论分析法着眼于土壤水盐及盐分运动的物理机制，具有较好的适用性。Gran M 等引入水汽流通量对盐渍土壤从饱和至干燥状态的土壤水蒸发过程进行研究，建立了非等温流动耦合模型，结果表明盐度、液流和水汽通量对蒸发具有限制效果，气体扩散在水汽通量的大小中起主要作用，盐结晶主要出现在蒸发锋附近，蒸发锋面上下存在高盐度区和稀释溶液区。Nachshon U 等在恒定水力边界条件下，对非均匀沙柱盐溶液蒸发进行了定量研究，给出了水汽流与干燥介质体盐壳形成过程间的相关动力机制。从近年对土壤水盐运动过程的研究中可见，盐分横向运动主要集中在盐渍化空间变异分析与大尺度识别方面，借助试验观测对水盐运动的描述一般将大水洗盐（秋、冬、春灌）过程、覆盖及冻融对盐分运动的影响作为关注的热点，理论分析法则通过引入蒸汽运动过程将水盐运动理论做了进一步深化。

1.3.2 节水灌溉与土壤水盐运动关系研究

节水灌溉是现代农业持续关注的热点，研究节水灌溉与土壤水盐运动之间的相互过程，制定节水控盐灌溉制度，是保证作物正常生长、降低盐碱地开发利用风险的前提。

区域尺度上农业节水与土壤盐渍化关系研究一般采用平衡法，关注的重点集中在水权转让、节水改造后区域土壤盐分的变化上。Zirilli J、Haensch J 等对澳大利亚水权交易带来的土、水、盐博弈关系进行了分析，认为在地下水浅埋区节水灌溉的下限强度需满足根区盐分的淋洗需求，从长期来看，随着水权交易的延续，区域盐碱化趋势可能逐步加强。国内水权制度建立较晚，水市场发展尚未成熟，因此国内研究主要集中在灌区节水改造方面。翟家齐等采用水盐平衡法，从宏观上对内蒙古河套灌区节水后区域水盐平衡进行了分析，认为节水最直接的结果是导致灌区水循环通量减少，节水措施不断加强将导致地下水埋深不断增大，但灌区积盐速率有所降低。

尽管中观到宏观尺度分析能够在一定程度上说明节水后的水盐运动趋势，但尚需对节水灌溉与盐分运动的响应机制进行进一步的探讨。滴灌以其出色的节水效果，良好的适应能力，较低的生产投入和灵活的布置方式而被广泛采用，也成为水盐运动研究的重点关注。杨鹏年等对新疆地区大田膜下滴灌土壤盐分运移与调控进行了研究，结果表明在单次滴灌后，土壤剖面盐分发生定向重分布，形成对作物有利的水盐环境。Wang 等对不同滴灌制度下新疆土壤盐分分布及作物生长情况进行了研究，指出根区盐分与土壤基质势之间呈正向相关关系，经多年滴灌土壤盐渍化程度有所减弱。王振华等对新疆地区连续多年膜下滴灌棉田根区水盐条件变化的研究结果表明,滴灌 5 年后基本形成稳定的、适宜棉花生长的盐分条件,但指出这一结果与当地较大的灌水定额有关。随着研究的深入,近年来更多的学者指出了节水灌溉在取得节水效益的同时,将会带来盐分的累积。罗毅基于大样本调查,采用空间置换时间的方法,针对干旱区绿洲长期滴灌对土壤盐碱化的影响进行了研究,结果表明原荒地滴灌后具有明显的脱盐效果,原漫灌耕地长期滴灌后盐分有累积趋势。Wichelns D 等指出滴灌等低强度灌溉因动力条件不足,无法将盐分排出土体,并指出有效的管理土壤、土壤盐分及潜水是灌溉可持续的前提。牟洪臣、Liu 等也在不同条件下得出了滴灌节水后耕作层盐分累积的现象。

试验观测仍是节水灌溉对水盐运动影响的主要研究方式,Hydrus、SWAP 等数值模型为上述研究提供了良好的补充和拓展。Roberts 等、余根坚利用 Hydrus-1D/2D 模型分别对干旱区地下滴灌接茬作物土壤水盐运动变化和不同灌水模式下土壤水盐运移规律进行了数值模拟。Xu 等采用 SWAP 模型,通过构建非线性活节点相依函数,针对地下水位对田间水分利用、盐碱化及小麦产量的影响进行了评估,提出 1.0~1.5 m 为小麦生育期内多方有利的地下水埋深控制目标。郝远远、柯隽迪等利用 Hydrus-EPIC 模型对河套灌区土壤水盐运动和作物生长进行了模拟,前者的研究结果表明土壤盐分过高是限制河套灌区作物产量的主因,灌区宜将地下水埋深控制在 1.3 m 以下。Ren 等通过建立 Hydrus-dualKc 模型评估了自然斑块在生态系统中的作用,结果表明自然斑块在区域水盐平衡中起着积极的调节功能。

1.3.3　地下水与土壤盐分运动关系研究进展

地下水既是耕作层土壤盐分富集的源,也是承接上层土壤盐分的汇。在灌溉和蒸发作用下,高矿化度地区土壤中水盐运移更加活跃,对土壤盐渍化进程具有明显的促进作用。地下水埋深是土壤盐渍化的关键影响因素的观点已成为各方共识。当地下水埋深小于临界水深时,土壤水与地下水二者间水量交换频繁,地下水中的盐分易在土壤表层聚集;当地下水升高至根区以内时,土壤水与地下水之间作用强烈,土壤中的生物、化学等构成与地下水的变化密切相关。Konukcu F 等研究了水盐的横向运动过程,认为当地下水埋深控制在 1.5 m 内时相同面积的干排盐区域可以满足耕作区水盐平衡需求。吴月茹等对黄河上游地下水浅埋区盐渍化土壤水盐动态变化规律进行了研究,结果表明整个作物生长季表层土壤盐分浓度均呈盐碱化状态。María 等在实验室条件下研究了盐分与潜水埋深之间的关系。Brahim 等在对突尼斯椰枣耗水及盐分胁迫的研究过程中指出夏季需较高的灌溉频率和较浅的地下水埋深，以保持根系层良好的水盐环境。夏江宝等探讨了不同潜水埋深下黄河三角洲盐渍土水盐运移特征，结果表明1.2 m是土壤水盐变化的转折点，该水位处土壤剖面含盐量和土壤溶液浓度均达最高。常春龙等采用田间试验与统计分析法对河套灌区生育期内地下水埋深与土壤盐分互作效应进行了研究，表明土壤盐分与地下水埋深满足指数关系，合理控制地下水是防治土壤盐渍化的有效措施。陈永宝等对浅埋区地下水与盐荒地表层积盐之间的关系进行研究，结果表明地下水埋深及矿化度与盐荒地表层积盐之间的关系显著，表层土壤累积含盐量随潜水蒸发量的增大而增加。刘广明等获得了0~40 cm深度土壤电导率关于地下水埋深、地下水矿化度的统计模型，认为当地下水埋深大于1.55 m时浅层土壤积盐强度明显减弱。贾瑞亮等利用室外土柱模拟试验开展了不同土质及埋深条件下高盐度潜水蒸发与土壤积盐关系的相关研究，结果表明高盐度潜水蒸发条件下，潜水埋深越浅土壤剖面盐分含量越高，同等条件下黏土剖面含盐量大于砂质土，但因其结构细密以致盐分在表层富集受阻。

土壤水盐迁移转化是一个受多种因素作用的复杂系统。规模化节水灌溉下土壤积盐已被较多的报道并逐步成为共识，干旱区频繁交替的灌溉-蒸发过程为水盐运动过程提供了必要的驱动力，浅埋的地下水位又给土壤水盐变化带来了复杂的变异性。

1.4 研究内容与技术路线

1.4.1 研究目标

本书以南岸灌区为重点，通过大田试验观测，分析不同灌溉方式下土壤盐分运移规律，预测喷、滴灌条件下耕作层盐分富集变化趋势，探讨改善耕作层盐分富集的对策措施，提出节水控盐灌溉制度，为鄂尔多斯水权转让二期项目顺利实施，乃至西北地区灌区节水改造提供技术依据。

1.4.2 研究内容

1.4.2.1 耕作层土壤水盐运动试验观测

结合不同地下水埋深、土壤类型及灌溉方式，在南岸灌区不同灌域均匀布置试验观测点；采取自动监测、人工采样等方式，全面监测灌溉期内土壤耕作层水分、盐分及典型监测点地下水埋深变化规律；结合前期成果，分析不同土壤深度盐分、水分及典型监测点地下水埋深年内及年际间变化规律。

1.4.2.2　喷、滴灌条件下盐分迁移规律研究

分析观测区各监测点不同深度土壤水分与土壤盐分分布情况,研究不同灌溉方式、灌溉水量下土壤水盐的迁移转化过程;结合土壤类型、地下水埋深、灌溉水量等分析不同灌溉方式下土壤水盐变化与各因素之间的响应关系;研究喷、滴灌工程的实施对耕作层盐分富集的影响。

1.4.2.3　土壤盐分变化数值模拟研究

在分析土壤水盐运动规律的基础上,采集模型参数,建立基于 Hydrus-1D 的土壤水盐运动数值模拟模型;利用观测数据,进行参数率定及模型检验,模拟现状节水灌溉条件下土壤水盐变化规律;设置不同情景,预测不同灌溉方式、灌溉制度下土壤耕作层盐分多年变化趋势。

1.4.2.4　改善耕作层盐分富集的对策措施分析

在研究土壤水盐运移规律基础上,结合模拟结果,提出喷、滴灌的适用条件;针对土壤盐分富集情况,研究提出节水控盐灌溉制度。

1.4.3　研究方法

本书对畦田灌溉、喷灌及滴灌三种灌溉条件下,不同时期的土壤水盐变化进行观测试验,获取不同灌水条件下农田水盐动态变化信息,分析不同灌水条件下农田水盐运移情况,研究不同灌溉条件对水盐变化的影响,并提出对策措施,为鄂尔多斯市现代农业的发展提供依据。

1.4.3.1　观测试验

在对各灌区进行本底调查的基础上,按照观测要求,基于不同灌溉方式布置观测点,进行连续观测土壤水分、盐分及作物生育指标,以研究土壤中水分、盐分的变化过程。

1.4.3.2　Hydrus-1D 模型

Hydrus-1D 模型是国际地下水模型中心公布的用于计算包气带水分、盐分运移规律的软件,可以计算在不同边界条件制约下的数学模型。

模型考虑了作物根系吸水和土壤持水能力滞后影响,适用于恒定或非恒定的边界条件且具有灵活的输入输出功能,可用来模拟饱和-非饱和土壤的水、盐、热运移。

1.4.4　技术路线

本书以田间试验为基础,探讨不同灌溉条件下灌区土壤的水盐运移规律,

对比分析不同灌溉条件对水盐变化的影响,利用 Hydrus-1D 模型模拟作物土壤含水率及含盐量在垂直方向上的变化过程及运移规律,提出改善耕作层盐分富集的对策措施。本书的技术路线如图 1-1 所示。

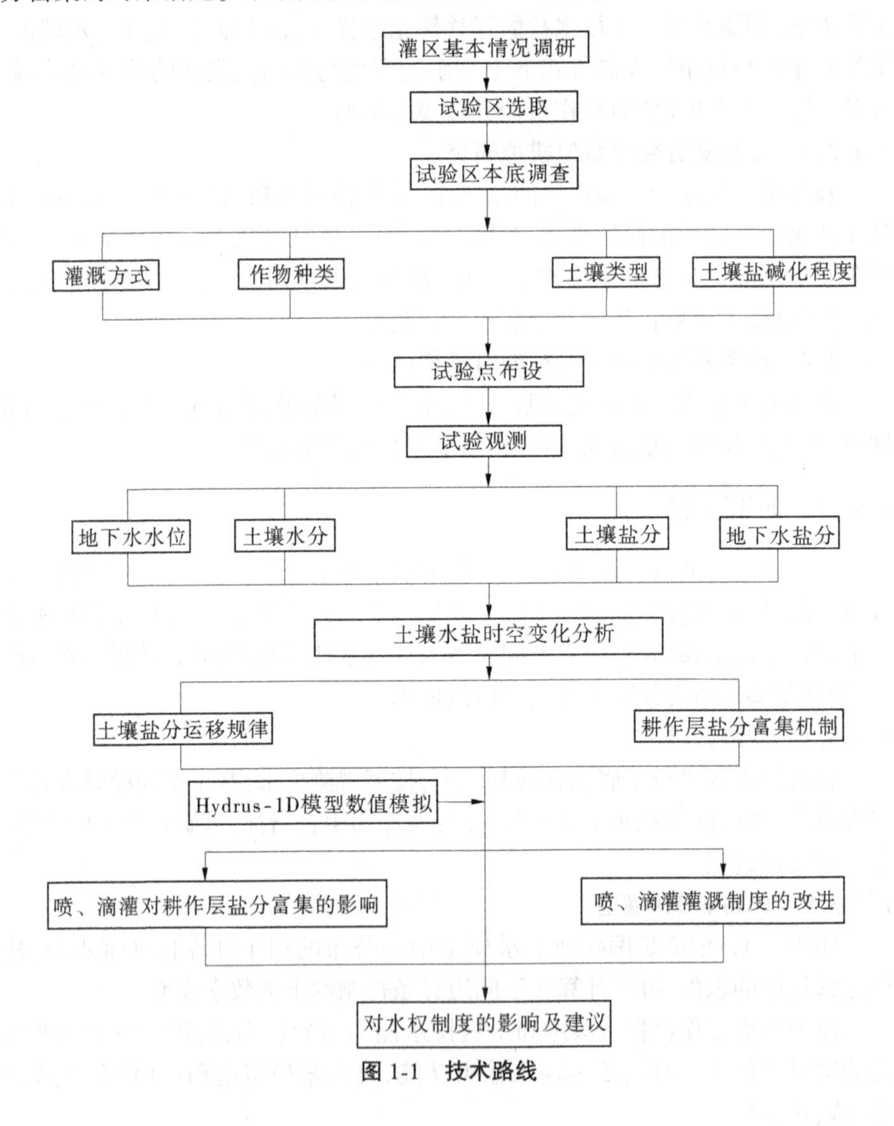

图 1-1　技术路线

2 试验区概况与试验设计

2.1 南岸灌区基本情况

2.1.1 总体情况

南岸灌区位于内蒙古自治区鄂尔多斯市北部,黄河右岸鄂尔多斯台地和库布齐沙漠北缘之间的黄河冲积平原(见图2-1)。灌区西起三盛公水利枢纽,东至浒斯太河,北临黄河右岸防洪大堤,南接库布齐沙漠边缘,沿黄河长约412 km,南北宽2~40 km。行政区包括鄂尔多斯市杭锦旗、达拉特旗,总灌溉面积139.62万亩,黄灌面积94.2万亩,井灌区45.42万亩。杭锦旗以自流灌溉为主,由三盛公水利枢纽南干渠引水闸引水灌溉,灌溉面积32万亩,分为昌汉白、巴拉亥、牧业、建设、独贵杭锦5个灌域。达拉特旗以扬水灌溉为主,灌溉面积49.81万亩,分为中和西、昭君坟、恩格贝、展旦召、树林召、王爱召、白泥井、吉格斯太8个灌域,由沿河33座浮船式扬水泵站灌溉。

2.1.2 地形地貌

南岸灌区杭锦灌域地面高程分布在1 015.7~1 026.6 m,达拉特灌域地面高程在986~1 012.0 m,地貌以黄河冲积平原为主,总体地形西高东低、南高北低。

2.1.3 灌区气候特征

南岸灌区隶属鄂尔多斯高原,是荒漠草原和沙漠的过渡带,包括达拉特灌域和杭锦灌域。灌区属极端大陆性气候,冬季严寒漫长,夏季温热短暂,寒暑变化剧烈,降水少而集中,蒸发旺盛,光能资源丰富,风速一般大于同纬度其他地区。

2.1.3.1 杭锦灌域

杭锦灌域多年平均气温7.4~7.5 ℃,最高气温37.9~38.3 ℃,最低气温-35.3~-30.8 ℃;年平均≥10 ℃积温3 371 ℃,多年平均无霜期158 d,1月最

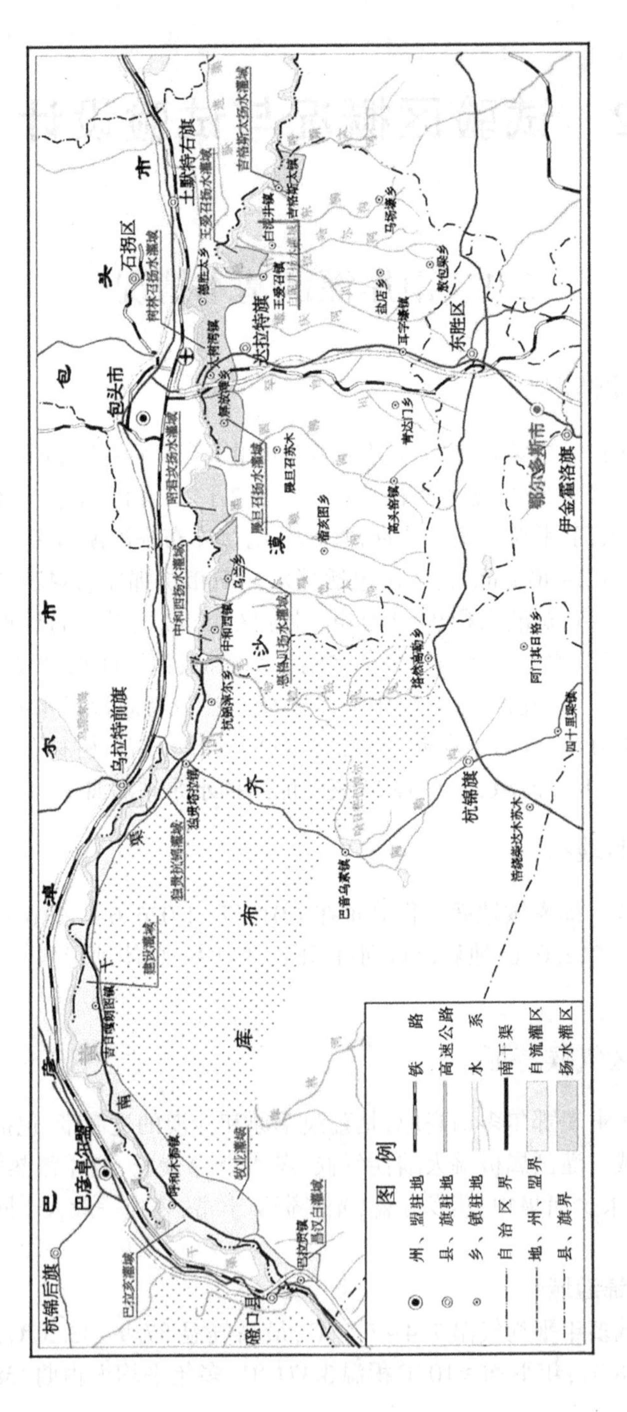

图 2-1　南岸灌区位置示意图

最冷,7 月最热,年温差和日温差都比较大。灌域多年平均降水量 145. 1~214. 9 mm,由东向西递减。降水年际变化大,时空分布不均匀,多集中在 7—9 月,蒸发十分强烈,多年平均蒸发量 2 273. 7~2 381. 4 mm。西部蒸发大于东部,蒸发最大值出现在 5—6 月。

2. 1. 3. 2 达拉特灌域

灌域年平均气温 6. 3~6. 8 ℃,极端最高气温 40. 2 ℃,极端最低气温 -34. 5 ℃,年均≥10 ℃积温 3 371 ℃,多年平均无霜期 160 d。灌域多年平均日照时数 3 159 h,4—9 月 1 774 h,占全年可照时数的 56%。多年平均降水量 305. 5~311. 0 mm,集中在 7—9 月且由东向西递减。多年平均蒸发量 2 115~2 198 mm,西部大于东部,5—6 月蒸发最强。

2. 1. 4 土壤植被及地下水

南岸灌区主要有潮土、盐土、风砂土 3 个土壤类型。潮土主要分布于黄河冲积平原、冲沟的河漫滩、低阶地及丘间洼地、封闭洼地或洪积扇的边缘地带;自然植被主要有芨芨草、马蔺、寸草、萎陵菜、芦草、碱草等,土壤质地为砂-重壤,有机质含量 2. 40%左右,全氮含量为 0. 02%~0. 12%,pH 为 8. 1~9. 0。盐土主要分布于沿黄(河)地区,土壤质地为砂-重壤,自然植被主要有盐爪爪、碱蓬、盐蒿、芨芨草、白刺、红柳等,pH 为 8. 2~9. 0。风砂土在灌区内各地都有分布,其类型有固定、半固定及流动风沙土;自然植被以沙蒿、灯香、沙蓬为主;土壤质地多为砂土、砂壤土;有机质含量因类型不同差异较大,一般含量为 0. 04%~0. 5%,pH 在 9. 0 左右。

灌区地下水埋深在 1. 2~7. 0 m,其中杭锦灌域埋深相对较浅在 1. 2~5. 0 m;达拉特灌域因其为井渠结合灌域,因此地下水埋深普遍较深,集中在 1. 5~7. 0 m。

南岸灌区杭锦旗建设灌域矿化度整体偏高,灌域西部地区矿化度为 3~5 g/L,自黄河向南矿化度逐渐降低。至灌区边缘下降到 1~2 g/L。灌域其他区域矿化度总体在 3~5 g/L,沿黄局部区域较高,存在少量高矿化度区域。达拉特灌域地下水矿化度普遍低于杭锦灌域,在树林召、展旦召局部存在矿化度 3 g/L 以上的区域。其余大部分区域地下水矿化度在 1 g/L 左右,沿黄局部达到 2 g/L。

灌区灌溉用水氯化物含量的总体趋势与全盐量含量的总体趋势基本一致,在全盐量大于 2 g/L 的地区,地下水的氯化物含量普遍超标,全盐量小于 2 g/L 的地区,地下水的氯化物含量均符合标准。

各灌域地下水及土壤条件如表 2-1 所示。

表 2-1　各灌域地下水及土壤条件

灌域		土壤种类	地下水水位/m	矿化度/(g/L)
自流灌域	昌汉白	以壤土和砂壤土为主,局部为细砂透镜体	2. 30~5. 00	1~3
	牧业	以砂壤土和砂土为主	1. 2~2. 30	1~3
	巴拉亥	以壤土和砂壤土为主	1. 20~2. 30	1~3
	建设	以壤土和砂壤土为主	1. 20~2. 30	2~5
	独贵杭锦	以壤土和砂壤土为主,局部为细砂透镜体	0. 50~2. 30	1~2
扬水灌域	中和西	以黏土和壤土为主,局部为砂壤土和细砂透镜体	5. 20~5. 70	1~2
	恩格贝	以黏土、壤土、砂壤土为主	1. 70~2. 50	<1
	昭君坟	以黏土和壤土为主,局部为砂壤土和细砂透镜体	1. 50~7. 00	1~2
	展旦召	岩性以黏土和壤土为主,夹砂壤土透镜体	1. 70~6. 60	1~3
	树林召	以黏土和壤土为主,局部为砂壤土,细砂透镜体零星分布	2. 5~6. 80	1~5
	王爱召	岩性以黏土和壤土为主,局部为砂壤土和细砂透镜体	1. 80~4. 50	1~2
	白泥井	岩性以黏土和壤土为主,局部为砂壤土和细砂透镜体	3. 20~6. 50	1~2
	吉格斯太	以砂壤土为主	1. 00~2. 80	1~2

2. 1. 5　河流水系及径流

黄河为南岸灌区过境河流,灌区范围内黄河干流长约 398 km,三湖河口水文站多年平均(1953—2006 年)径流量为 224 亿 m^3,磴口水文站实测资料平均含沙量为 5. 36 kg/m^3。十大孔兑自南向北穿过灌区汇入黄河。十大孔兑均发源于鄂尔多斯高原,属于季节性河沟,平时流量 0. 1~0. 61 m^3/s,径流主要集中在汛期一场或几场大洪水且多含泥沙,因无控制工程,水资源可利用程度较低。

2.1.6 灌区种植结构

灌区种植结构统计情况如表2-2所示。灌区粮食作物以玉米为主,经济作物主要以葵花为主,其次为籽瓜、甜菜。灌区种植面积最大的作物为玉米,2017年种植面积35.9万亩;其次是葵花,2017年种植面积19.58万亩。水权转让二期工程实施后全部灌区种植面积最大的玉米占总面积的40%。2017年灌区粮食作物、经济作物、牧草比例为43:30:27。

表2-2 灌区种植结构统计

作物		面积/万亩			百分比/%		
		2015年	2016年	2017年	2015年	2016年	2017年
粮食作物	玉米	39.56	38.14	35.9	44	43	40
	小麦	2.44	1.98	1.91	3	2	2
	杂粮	0.33	0	0.82	0	0	1
	小计	42.33	40.12	38.63	47	45	43
经济作物	葵花	20.38	20.04	19.59	23	22	22
	瓜果蔬菜	6.38	6.72	6.86	7	8	8
	小计	26.76	26.76	26.45	30	30	30
牧草	苜蓿	13.2	14.7	15.53	15	16	17
	饲料玉米	6.88	7.59	8.56	8	9	10
	小计	20.08	22.29	24.09	23	25	27
合计		89.17	89.17	89.17	100	100	100

2.2 水权转让二期工程开展情况

2.2.1 水权转让二期建设内容

2.2.1.1 水权转让一期工程简介

2004年按照水利部《关于内蒙古宁夏黄河干流水权转换试点工作的指导意见》(简称《指导意见》),内蒙古自治区编制了《内蒙古自治区黄河水权转换总体规划报告》(简称《总体规划》)。根据《总体规划》和《指导意见》,2005

年起在 32 万亩自流灌区进行了水权转换试点一期工程建设,2008 年 9 月全面完工。完成总干渠衬砌 133 km、分干渠衬砌 32 km、支渠衬砌 218 km、斗渠衬砌 296 km、农渠衬砌 723 km、毛渠衬砌 25 km,续建配套各级渠系建筑物 51 125 座。一期工程年节水量 1.46 亿 m^3,年可转让水量 1.3 亿 m^3,为 26 个工业项目提供了用水指标。

2.2.1.2　水权转让二期工程简介

一期工程实施后鄂尔多斯工业用水仍十分紧缺。根据鄂尔多斯市后续工业项目建设的用水需求,鄂尔多斯以"鄂尔多斯市引黄灌区水权转换暨现代农业高效节水工程"为核心,启动了水权转让二期工程(见表 2-3)。水权转让二期工程是在一期工程渠道衬砌节水(输配水节水)的基础上,通过种植结构调整、田间节水改造(渠灌改喷灌、渠灌改滴灌、畦田改造)、末级渠道衬砌等工程实现灌区田间高效节水。

根据黄河水利委员会(简称黄会)批复,水权转让二期田间节水措施和工程布置局部调整后确定的节水量 1.22 亿 m^3,转让水量 0.97 亿 m^3。二期工程于 2014 年 5 月开工,目前完成 11 座一级泵站,10 座二、三级泵站改造建设,衬砌各级渠道 997 km,渠灌改喷灌完成 9.7 万亩,渠灌改滴灌完成 20.11 万亩,地下水大棚滴灌完成 1.75 万亩,畦田改造完成 44.16 万亩,井渠结合灌区完成渠道衬砌长度 304.98 km、面积 14.28 万亩,灌区的粮食作物、经济作物、牧草种植比例已经由 2009 年的 64:26:10 调整为 2017 年的 43:30:27(见表 2-3)。

2.2.2　水权转让二期田间节水工程实施情况

鄂尔多斯水权转让一期工程主要内容为渠道衬砌和渠系建筑物配套,主要为减少输水损失,进入田间的水量没有减少,对田间作物需水及水盐过程影响有限。水权转让二期工程在进一步完善渠系配套的基础上,通过种植结构调整、畦田改造、高效节水灌溉建设,减少灌水定额,节省灌溉水量。田间灌溉方式改变主要涉及末级渠道衬砌、畦田改造、漫灌改喷灌、漫灌改滴灌和设施农业建设等。考虑到种植结构调整对灌溉过程影响不大,设施农业面积有限(占比 1.9%),末级渠系配套也属于田间工程,因此本次重点分析畦田改造、喷灌、滴灌等改变田间灌溉过程的措施对水盐运动的影响。

2.2.2.1　田间节水工程建设情况

根据《鄂尔多斯市引黄灌区水权转换暨现代农业高效节水工程规划》(简称《二期规划》),喷灌和滴灌主要根据灌区土地类型、土壤质地、地下水动态

表 2-3 水权转让二期工程调整前、后的各项节水措施面积

灌域名称		建设内容/万亩						各项节水措施及规模/万亩											
		面积合计		引黄水				喷灌		滴灌工程						畦田改造		井渠结合	
				引黄水		地下水				大田滴灌		引黄水大棚滴灌		地下水大棚滴灌					
		黄委批复可研	拟调整	黄委批复可研	拟调整	黄委批复可研	拟调整	黄委批复可研	拟调整	黄委批复可研	拟调整	黄委批复可研	拟调整	黄委批复可研	拟调整	黄委批复可研	拟调整	黄委批复可研	拟调整
全灌区合计		94.2	90.91	90.2	89.16	4	1.75	24.92	13.03	3.08	16.57	3	0	4	1.75	44.92	45.28	14.28	14.28
自流灌区	小计	44.39	43.47	41.89	41.89	2.5	1.58	8.15	6.25	3.08	8.48	2	0	2.5	1.58	27.14	25.64	1.52	1.52
	昌汉白	2.67	2.67	2.67	2.67			0.31		0.36	2.37	2	0				0.3		
	牧业	4.92	4.92	4.92	4.92			2.20	2.14	2.72	2.78								
	巴拉亥	6.52	6.52	6.52	6.52			0.00	2.69		0.31					6.52	3.52		
	建设	17.89	17.89	17.89	17.89			5.64	0.24		3.02					12.25	14.63		
	独贵杭锦	12.39	11.39	9.89	9.89	2.5	1.5		1.18					2.50	1.5	8.37	7.19	1.52	1.52
	锡尼镇		0.08				0.08								0.08				
扬水灌区	小计	49.81	47.44	48.31	47.27	1.50	0.17	16.77	6.78	0.00	8.09	1.00	0	1.5	0.17	17.78	19.64	12.76	12.76
	中和西	4.87	4.87	4.87	4.87			0.90	0.30	0.00	0.21					2.37	2.76	1.60	1.60
	恩格贝	1.65	1.71	1.65	1.65		0.06	1.03	0.30		0.65				0.06	0.62	0.70		
	昭君坟	10.61	9.57	10.61	9.57			1.57	0.38	0.00	1.33					4.93	3.75	4.11	4.11
	展旦召	2.35	2.39	2.35	2.35		0.04	1.98							0.04	0.37	2.35		
	树林召	26.63	25.13	25.13	25.13	1.50		8.07	3.68	0.00	5.78	1.00		1.5		9.01	8.62	7.05	7.05
	王爱召	1.28	1.28	1.28	1.28			1.10								0.18	1.28		
	白泥井	1.1	1.10	1.1	1.10			1.10	1.10										
	吉格斯太	1.32	1.39	1.32	1.32		0.07	1.02	1.02		0.12				0.07	0.30	0.18		

等,选择在地下水埋藏较深、改造前无盐碱化、土壤渗透性较高的区域进行,喷灌主要采用美国维蒙特大型喷灌机,滴灌采用滴灌带灌溉。喷、滴灌因灌水强度较低,喷(滴)头易堵塞,需要配套建设引黄沉沙设备。除喷、滴灌外,其余水文地质及土壤条件不适宜搞喷灌和滴灌的区域全部改造为畦田灌溉区,田间灌溉工程系统按渠道衬砌、畦田标准化进行改造配套建设(见图 2-2)。畦田规格按照"一亩两畦"建设,即宽 6.7 m 左右,长 50 m 左右。

图 2-2　田间节水改造及配套设施

根据《鄂尔多斯市引黄灌区水权转换暨现代农业高效节水工程核查及节水效果评估》(简称《二期评估报告》),评估核定后灌区建设喷灌面积 9.35 万亩,占总改造面积的 10.0%;大田滴灌面积 20.25 万亩,占总改造面积的 22.3%;畦田改造面积 44.16 万亩,占总改造面积的 48.6%。经核验全部节水措施后总节水量 13 788.82 万 m^3,其中渠道衬砌节水 3 062.54 万 m^3,渠灌改喷灌节水 1 304.59 万 m^3,渠灌改滴灌工程节水 3 213.09 万 m^3,畦田改造节水 3 197.63 万 m^3,地下水设施农业滴灌节水 380.28 万 m^3,种植结构调整节水量 2 630.69 万 m^3。

2.2.2.2　田间节水工程投运情况

目前,水权转让二期工程建设已基本完成,喷、滴灌沉沙、加压等配套设施建设也基本完成。但实际投运情况相对滞后,畦田灌溉因田间配套和原有农业生产改变不大,易于接受,基本已经投运;滴灌截至 2018 年只有极个别滴灌点投入使用。目前应用困难最大的是引黄喷灌,灌区引进的维蒙特大型喷灌机对土地平整程度、地块面积、耕种结构要求较高,投运难度较大,且从项目调研来看,还没有实质运行的地块。目前正在使用的主要是部分井灌区域和观光农业采用的地下水旋转喷灌机。本次在对已投运的滴灌和畦田灌溉监测的基础上,对地下水喷灌进行类比调查观测,并结合数值模拟开展灌溉方式对土壤水盐运动的研究工作。

2.2.2.3 田间节水工程设计灌溉制度

根据《二期规划》,灌区主要农作物为玉米等,以玉米、葵花为例规划畦田、喷灌及滴灌灌溉制度如表 2-4 所示。由表 2-4 可知,根据规划,畦田灌溉设置了秋浇制度,秋浇定额为 100 m^3/亩。除此之外,喷灌及滴灌均未设置秋浇制度。

表 2-4 不同灌溉方式规划灌溉制度

<table>
<tr><th>作物</th><th>灌溉方式</th><th>灌水次数</th><th>灌水定额/
(m^3/亩)</th><th>灌溉定额/
(m^3/亩)</th></tr>
<tr><td rowspan="7">玉米</td><td rowspan="5">畦田</td><td>1</td><td>60</td><td rowspan="5">335</td></tr>
<tr><td>2</td><td>60</td></tr>
<tr><td>3</td><td>60</td></tr>
<tr><td>4</td><td>55</td></tr>
<tr><td>秋浇</td><td>100</td></tr>
<tr><td>喷灌</td><td>共计 7 次</td><td>30</td><td>210</td></tr>
<tr><td>滴灌</td><td>共计 14 次</td><td>15</td><td>210</td></tr>
<tr><td rowspan="6">葵花</td><td rowspan="4">畦田</td><td>1</td><td>65</td><td rowspan="4">295</td></tr>
<tr><td>2</td><td>65</td></tr>
<tr><td>3</td><td>65</td></tr>
<tr><td>秋浇</td><td>100</td></tr>
<tr><td>喷灌</td><td>共计 6 次</td><td>40</td><td>240</td></tr>
<tr><td>滴灌</td><td>共计 12 次</td><td>20</td><td>240</td></tr>
</table>

2.2.3 水权转让与土壤盐分运移的关系

2.2.3.1 土壤水盐运动的影响因子分析

盐随水来,盐随水去。水是土壤盐分运动的主要媒介和动力条件,自然因子及人工干预通过影响水的运动过程进而影响盐分运动。总结来看,影响土壤盐分运动的主要因子可以划分为气象因子、植被因子、土壤因子、地下水条件与灌溉过程等。

总的来说,一个区域的水盐状况是由当地气候、地形、土壤、植被和农业生产活动等诸多因素综合决定的。但相对来说,气候因素对土壤水分变化的影响最大,不同的气候条件形成不同区域的水盐运动规律,气候条件中又以降水和蒸发的影响最为明显。降水对土壤盐分表现为淋洗效果,蒸发则是溶质向上运移的主要动力。

植被对土壤水盐动态的影响主要表现为植物根系的吸收作用,其次是根系的穿透作用和冠层的覆盖作用。根系的穿透作用使土壤中分布大小不等的孔隙,可加强降水的入渗和淋盐作用。植被冠层的覆盖作用一方面截留降水,另一方面减少土壤棵间蒸发,进而影响土壤盐分在耕作层的分布。

灌溉是人类活动对土壤盐分运移的主要体现。灌溉在补充土壤水分的同时,向下运动的水流有淋洗盐分的作用。但灌水量过大又可能造成地下水位的升高,进而在潜水蒸发作用下造成深层盐分大量向上运移聚集。同时,灌溉水本身也携带大量盐分,亦是土壤和地下水盐分的重要来源之一。

土壤固相是液相盐分运动的源汇项。其固相母质的物理特性和化学成分严重影响盐分的溶解、结晶、吸附、沉淀等过程,从而影响土壤的水盐动态。另外,土壤是其水盐运动的介质,水盐运动发生在土壤孔隙中,孔隙特征又决定了土壤的渗透特性和毛管水的运动特性。因此,不同土壤质地对土壤水盐动态的影响明显。

土壤质地、气候条件属于区域的本底条件,一般情况下不会发生改变。作物条件通过种植结构调整,在盐碱化严重的区域种植耐盐作物等,可以实现低产田的合理利用。除此之外,灌溉方式改变是人工干预土壤盐渍化变化的最主要手段。

2.2.3.2 水权转让与盐分运移影响因子的关系

农田灌溉过程中耗水主要发生在输配水渠系、田间和排水渠系中,由渠系蒸发、棵间蒸发、作物蒸腾等组成,如图 2-3 所示。作物蒸腾是作物吸收水分,进行光合作用以促进植物生长发育的高效用水量。渠系蒸发、棵间蒸发、深层渗漏属于低效或无效耗水。

灌溉节水一部分通过渠道改建、衬砌等加快配水效率,减少渠系渗漏等输配水损失,但是进入田间的灌溉水量并没有显著降低。南岸灌区水权转让一期工程开展的就是这部分内容。

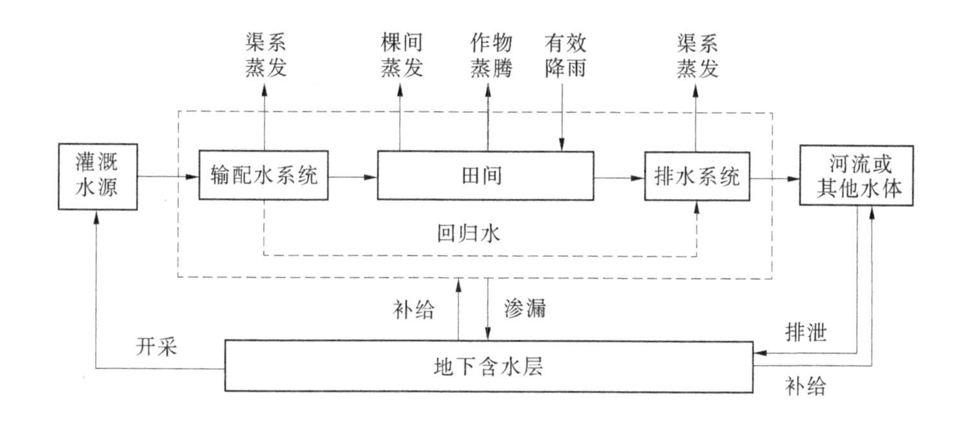

图 2-3　农田灌溉耗水系统

南岸灌区二期水权转让通过实施喷灌、滴灌及畦田灌溉等田间节水工程，改变田间灌溉方式，通过大幅度压缩田间灌溉水量，减少水面蒸发、深层渗漏，进而提高灌溉水的利用效率。

本书研究来源于南岸灌区水权转让的实际生产问题。南岸灌区实施的是由农业到工业的跨行业水权转让，水权指标的获取通过农业节水来实现。而在灌区整体用水、管水水平均不高的前提下，水权转让的实现势必要颠覆灌区原有的生产模式。水资源短缺和土壤盐渍化是西北旱区农业发展面临的两大资源环境问题。国家自然科学基金委 2017 年在“西北旱区农业节水抑盐机制与灌排协同调控”重大项目指南中指出：一方面，西北旱区大规模发展节水改变了农田水盐状况，在取得短期增产效应后，由于土壤盐分逐年积聚而减产，土壤盐渍化进一步加重；另一方面，传统的大水洗盐不仅排盐效率低，而且浪费水量大，更加重了水资源短缺。

水权转让一期工程的实施重点是通过输配水渠道衬砌节水，渠道两侧因渗漏减少可能面临植被退化，但进入田间的水量并未实际减少。二期工程重点实施田间节水项目，田间灌水量及灌溉强度均会有明显的降低。关于水权、节水和土壤盐渍化的关系，已普遍引起了人们的关注。正是基于上述认识，本书以南岸灌区水权转让二期为背景，以田间农业节水为切入点，研究灌溉方式转变可能给灌区带来的盐化风险，并提出解决途径和建议。本书中工程与水权转让的逻辑关系如图 2-4 所示。

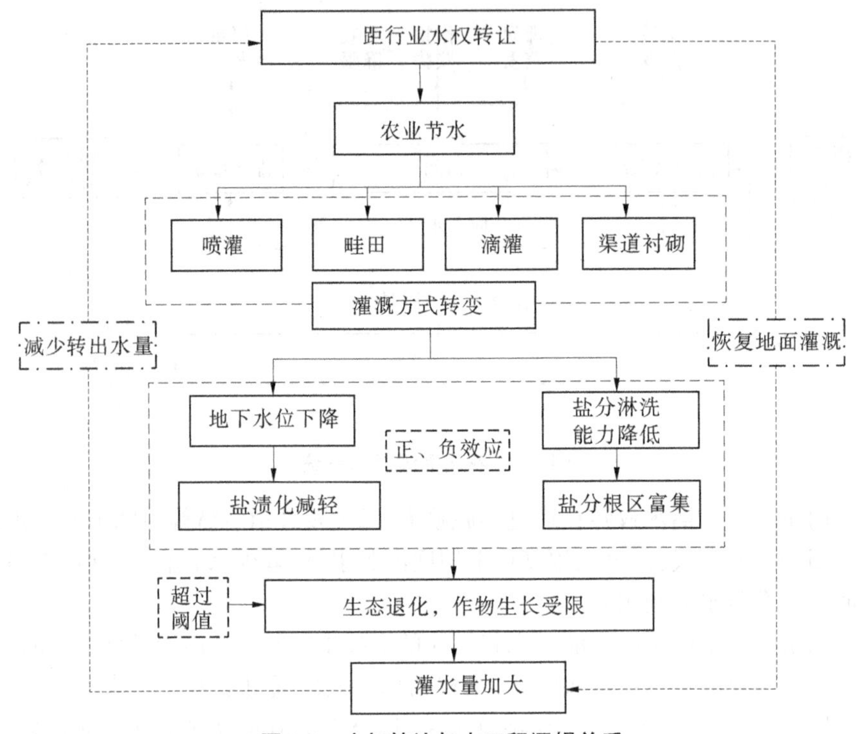

图 2-4　水权转让与本工程逻辑关系

2.3　灌区土壤盐分现状

2.3.1　灌区引排盐总体变化

2.3.1.1　灌区引、排水量变化

南岸灌区位于三盛公枢纽上游右岸，2000 年被水利部列入国家大型灌区。根据“87”分水方案和内蒙古自治区初始水权明晰方案，鄂尔多斯市多年平均耗水指标 6.984 亿 m^3，其中南岸灌区耗水指标 6.2 亿 m^3，生活及工业 0.784 亿 m^3，灌区耗水指标占区域总指标的 88.8%，可见灌区节水是区域节水增效的重中之重。

根据当地水务部门统计（见表 2-5、图 2-5），灌区近年（2009—2016 年）总取水量（含自流及扬水）呈逐年下降趋势，其中 2009 年最大达到 4.13 亿 m^3，2012 年最小为 2.94 亿 m^3。耗水总量总体下降，多年平均耗水量 3.52 亿 m^3，

2016 年耗水量 3.10 亿 m^3。

表 2-5 南岸灌域多年取、耗、排水量变化 单位:万 m^3

年度	杭锦灌域			达拉特灌域	合计	
	取水量	排水量	耗水量	提水量	取水量	耗水量
2009	2 1214	3 760	17 454	23 876	45 090	41 330
2010	24 090	5 454	18 636	19 454	43 544	38 090
2011	22 914	3 600	19 314	15 780	38 694	35 094
2012	17 492	3 500	13 992	15 480	32 972	29 472
2013	25 577	4 544	21 033	15 900	41 477	36 933
2014	25 717	6 465	19 252	15 450	41 167	34 702
2015	25 317	4 264	21 053	13 908	39 225	34 961
2016	20 980	2 862	18 118	12 915	33 895	31 033
均值	22 913	4 306	18 607	16 595	39 508	35 202

分析 2009—2016 年杭锦灌域引、耗水和达拉特灌域提水情况(见图 2-5)可知,杭锦灌域引、耗水规模并未发生明显变化,总体趋势还略有升高,达拉特灌域近年来提黄量明显降低。考虑到两灌域节水改造工程建设进度相差不大,基本可以认为杭锦灌域的灌溉方式仍以原有灌溉方式为主,而达拉特灌域提水量的下降可能与该灌域属于井渠结合灌溉有关。由于抽取地下水的成本低于提黄灌溉,因此提黄水量的减少可能伴随着地下水抽取量的增加,灌区真实节水量尚需进一步诊断。通过实地调研发现,尽管高效灌溉的配套工程已经基本建成,但灌区绝大部分区域仍在沿用漫灌方式,印证了图 2-5 的结果。这主要与两方面有关,一是面对新事物时老的生产习惯需要时间逐渐适应;二是高效节水灌溉相比于原有灌溉方式的投入成本较高,灌区节水推动仍有较大空间。

2.3.1.2 灌区引、排盐量变化

盐分变化主要与引排水过程直接相关。从灌区尺度来讲,盐分变化主要与灌溉带入和排水带出盐分有关。目前,灌区没有开展相关的引排水水质监测工作,但根据河套灌区相关成果,河套灌区总干渠进水口矿化度在 0.62 g/L 左右,排水矿化度维持在 2 g/L,结合上述数据依据灌区引、排水量,估算灌区盐分平衡情况如表 2-6 及图 2-6、图 2-7 所示。

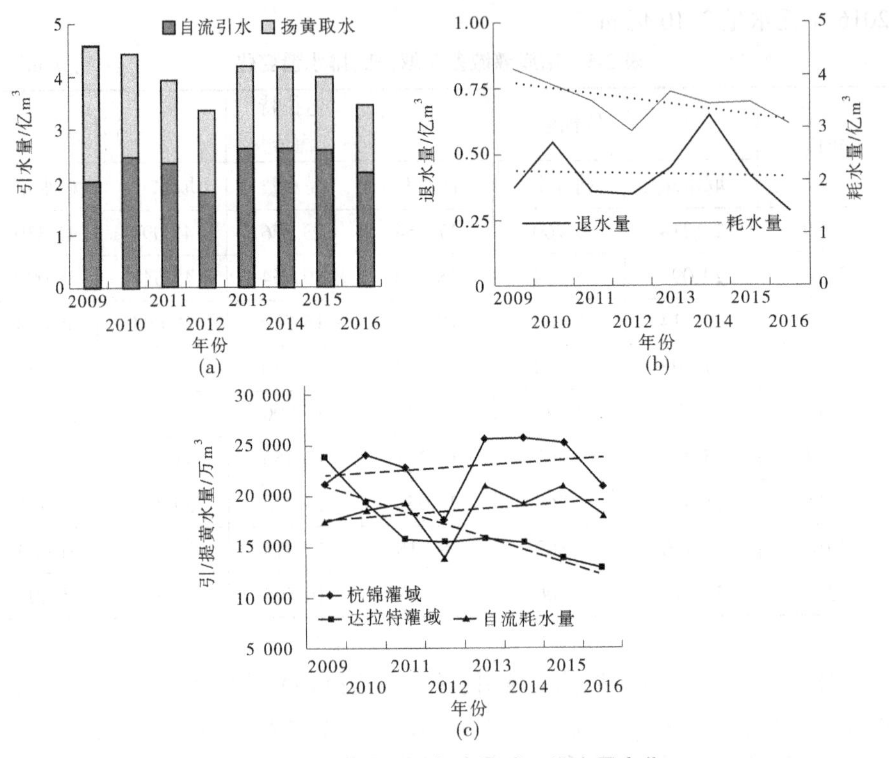

图 2-5　南岸灌区近年来取、耗、排水量变化

表 2-6　南岸灌区多年盐分平衡情况

年份	引水量/万 m³	引水矿化度/(g/L)	引盐量/万 t	排水量/万 m³	排盐量/万 t	积盐量/万 t
2009	45 090	0. 64	28. 9	3 760	7. 5	21. 3
2010	43 544	0. 6	26. 1	5 454	10. 9	15. 2
2011	38 694	0. 6	23. 2	3 600	7. 2	16. 0
2012	32 972	0. 62	20. 4	3 500	7. 0	13. 4
2013	41 477	0. 65	27. 0	4 544	9. 1	17. 9
2014	41 167	0. 61	25. 1	6 465	12. 9	12. 2
2015	39 225	0. 63	24. 7	4 264	8. 5	16. 2
2016	33 895	0. 59	20. 0	2 862	5. 7	14. 3
均值	39 508	0. 62	24	4 306	8. 6	15. 8

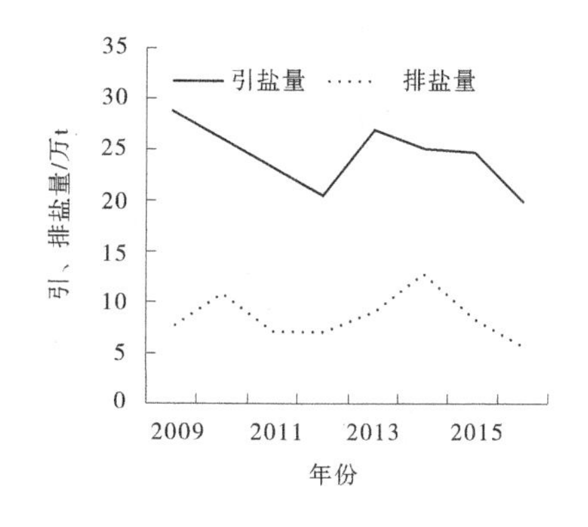

图 2-6 灌区引、排盐变化

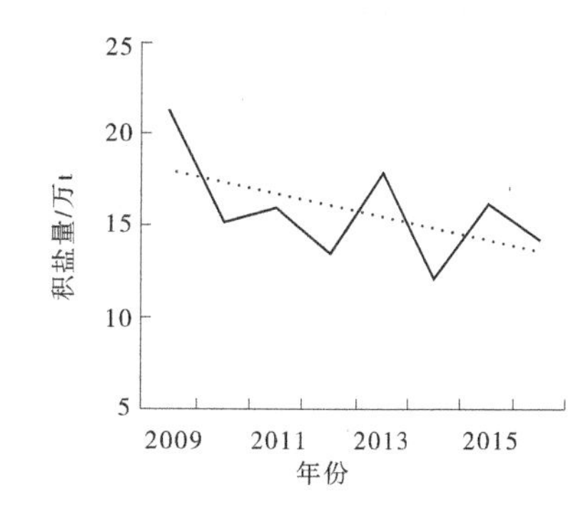

图 2-7 灌区盐分累积

从表 2-6 及图 2-6、图 2-7 可知,随着节水力度不断加大,灌区引盐总量从 2009 年的 28.9 万 t 降低到 2016 年的 20.0 万 t,呈不断下降趋势。排盐量与排水量变化一致,多年平均 8.6 万 t。总体来看,灌区引盐量大于排盐量,仍处于盐分累积状态。但因引水总量逐年减少,灌区盐分累积速率逐步降低,2016 年盐分累积量约为 14.3 万 t。灌区节水改造后引盐量减少,年积盐量逐年降低,宏观上节水对灌区盐分防控是积极的,但积盐仍是基本情况。

2.3.2 典型区土壤盐分调查

工程实施初始阶段对灌区本底情况进行了调查,了解灌区土壤等基本情况,选择适宜的试验区域。调查采取点面结合的方式,选择了灌区中部的中和西灌域和东部的吉格斯太灌域做详细调查。本章主要结合调查数据,在灌域尺度上分析土壤盐分的空间分布特征及其影响因素,为后续研究提供基础支撑。

2.3.2.1 调查区域基本情况与样点分布

南岸灌区东西狭长,土壤及气候条件差异均较大。本底调查主要了解灌区土壤质地和土壤盐分的分布情况,同时在空间上对土壤盐分变化与土壤质地、地下水等因素进行相关分析,以便在宏观上对土壤盐分变化进行把握。

本次在全面调研基础上,结合试验布置,于试验观测前以灌区中部中和西灌域(E 109°03′44″~110°42′30″,N 40°19′08″~40°32′32″)和吉格斯太灌域(E 109°13′24″~110°33′29″,N 40°18′25″~40°26′19″)为典型,进行了布点取样,调查区位置如图 2-8 所示。调查采用人工取样方式开展。

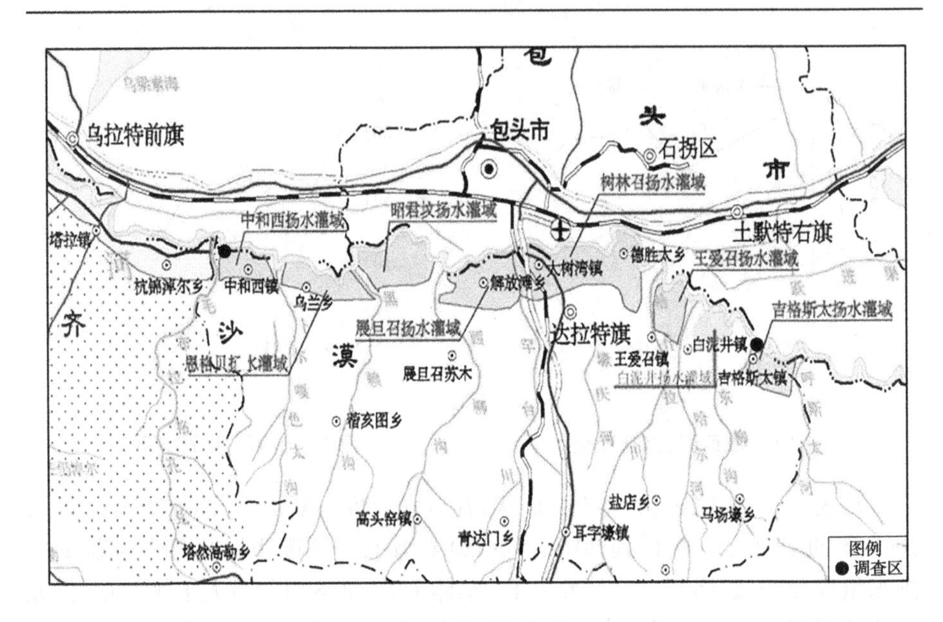

图 2-8 调查区在观测区中的位置

吉格斯太灌域位于灌区东侧尾端,东以呼斯太河为界,西以东柳沟为界,为井渠结合灌域,总灌溉面积约 6 800 hm^2。按照《二期规划》,布置大田滴灌 0.12 万亩,喷灌 1.02 万亩,畦田改造 0.18 万亩。取样范围选取节水改造所在的 11 号扬黄泵站控制区,土壤质地以砂土为主,面积约 2 500 hm^2,设置采样点 29 个,地下水观测井 11 眼。

中和西灌域位于灌区中部,东以卜尔嘎色太沟为界,西至毛布拉格孔兑,总面积约 8 600 hm^2,在 X618 以北布置畦田改造 2.76 万亩,大田滴灌 0.21 万亩,喷灌 0.30 万亩。调研在节水改造实施区域进行,取样范围约 3 100 hm^2,设置采样点 22 个,土壤质地以砂壤土为主。中和西与吉格斯太两灌域东西直线距离约 120 km,为完全独立的灌排单元。本底调查取样范围及样点布置见图 2-9。

本底调查阶段,在试验区按网格化设置采样点,于项目开始前按照 0~20 cm、20~40 cm 和 40~60 cm 3 个深度人工采集土样。土壤干容重及含水量采用环刀法测定。0~20 cm 土样经风干过 2 mm 筛,并测定颗粒组成,其余各层(含 0~20 cm)土壤过筛后按水土比 5:1配置土壤溶液,利用电导率仪测定电导率。

不同灌域 0~20 cm 的土壤物理特性如表 2-7 所示。吉格斯太灌域土壤容

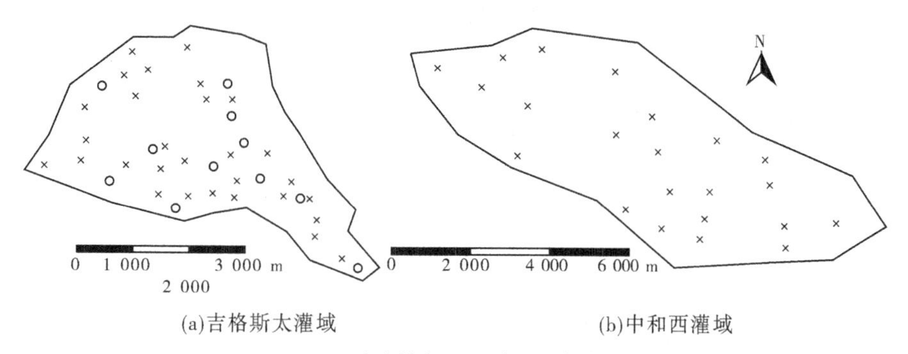

(a)吉格斯太灌域　　(b)中和西灌域

(“×”为取样点;“○”为地下水井)

图 2-9　采样点分布

重在 1.40~1.79 g/cm³,砂粒含量占比 86.58%~96.68%,粉粒占比 2.65%~13.17%,黏粒占比 0.16%~3.03%。按照国际土壤质地分类,29 个采样点全部为砂土。中和西灌域土壤容重 1.37~1.74 g/cm³,砂粒含量占比 18.13%~94.12%,粉粒占比 3.66%~55.74%,黏粒占比 0.50%~7.78%。按照国际土壤质地分类,22 个采样点中有 2 个采样点为砂土,其余为砂壤土-壤土,综合土壤质地为砂壤土。

表 2-7　不同灌域 0~20 cm 土壤物理特性参数

灌域	指标	最大值	最小值	平均值	质地
吉格斯太	容重/(g/cm³)	1.79	1.40	1.58	砂土
	黏粒含量(<0.002 mm)/%	3.03	0.16	0.98	
	粉粒含量(0.002~0.02 mm)/%	13.17	2.65	8.42	
	砂粒含量(0.02~2 mm)/%	96.68	86.58	90.6	
中和西	容重/(g/cm³)	1.74	1.37	1.56	砂壤土
	黏粒含量(<0.002 mm)/%	7.78	0.50	4.03	
	粉粒含量(0.002~0.02 mm)/%	55.74	3.66	30.38	
	砂粒含量(0.02~2 mm)/%	94.12	18.13	43.92	

参考河套灌区的研究成果,土壤盐渍化程度划分标准如表 2-8 所示。

表 2-8　土壤盐渍化程度划分标准

土层深/cm	非盐渍化		轻度盐渍化		中度盐渍化		重度盐渍化	
	全盐量/%	电导率/(mS/cm)	全盐量/%	电导率/(mS/cm)	全盐量/%	电导率/(mS/cm)	全盐量/%	电导率/(mS/cm)
0~20	<0. 2	<0. 7	0. 2~0. 4	0. 7~1. 24	0. 4~0. 6	1. 24~1. 77	>0. 6	>1. 77
0~100	<0. 15	<0. 57	0. 15~0. 18	0. 57~0. 65	0. 22~0. 29	0. 76~0. 94	>0. 4	>1. 24

2. 3. 2. 2　典型区域土壤盐分空间分布

1. 数据分析方法

根据监测数据情况，采用经典统计学方法和地统计学方法分析灌域 0~60 cm 土壤含盐量空间分布特征，同时按照取样结果分析土壤干容重、黏粒、粉粒与砂粒含量等四个指标的空间分布情况。采用的主要统计分析方法如下。

1) 经典统计学方法

$$C_v = S/\bar{x} \tag{2-1}$$

式中：S 为标准差；$\bar{x}$ 为变量均值；C_v 为变异系数，$C_v \leqslant 0.1$ 时参数变量表现为弱变异，$0.1<C_v<1$ 时表现为中等变异，当 $C_v>1$ 时表现为强变异。

2) 地统计学方法

地统计学方法通常采用半方差函数表示其空间变异结构，公式如下：

$$\gamma_{(h)} = \frac{1}{2N(h)} \sum_{i=1}^{N(h)} [Z(x_i) - Z(x_i + h)]^2 \tag{2-2}$$

式中：h 为两样本点空间距离；$Z(x_i)$ 和 $Z(x_i+h)$ 分别为研究变量在点 x_i 和 x_i+h 处观测值；$N(h)$ 为滞后距离为 h 时的样本对数。

报告中半方差函数主要采用如下模型：

高斯模型

$$\gamma_{(h)} = C_0 + C\left[1 - \exp\left(-\frac{h}{a}\right)^2\right] \tag{2-3}$$

指数模型

$$\gamma_{(h)} = C_0 + C(1 - \mathrm{e}^{-\frac{h}{a}}) \tag{2-4}$$

式中：C_0 为块金值；a 为变程，km；C 为拱高；(C_0+C) 为基台值。地统计学中一般用块基比$[C_0/(C_0+C)]$表示空间变异相关程度，即随机变异占总变异的大小。

土壤水热条件也是影响土壤盐分的重要因素。在颗粒分析和土壤含水量计算的基础上，选择导热率和热容量作为典型水热参数一并进行分析。土壤导热率计算采用 Campbell 提出的经验公式：

$$\lambda = A_1 + B_1\theta_v - (A_1 - D_1)\exp|(C_1\theta_v)^{E_1}| \tag{2-5}$$

$$A_1 = 0.65 - 0.78\rho_b + 0.60\rho_b^2$$

$$B_1 = 1.06\rho_b$$

$$C_1 = 1 + 2.6/(m_c^{0.5})$$

$$D_1 = 0.03 + 0.1\rho_b^2$$

$$E_1 = 4$$

式中：A_1、B_1、C_1、D_1、E_1 为系数；ρ_b 为土壤干容重，g/cm^3；m_c 为黏粒含量，%；θ_v 为体积含水率，%。

土壤体积热容量可以表示为：

$$C_v = \rho_b(c_s + c_w\theta_m) \tag{2-6}$$

式中：θ_m 为质量含水率，%；c_s 为矿物质比热容，一般取 0.85 J/(g · ℃)；c_w 为水的比热容，取 4.2 J/(g · ℃)，因此土壤体积热容量可以表示为：

$$C_v = 0.85\rho_b + 4.2\theta_v \tag{2-7}$$

2. 土壤盐分统计特征分析

根据各层土样电导率监测结果，采用经典统计学方法计算土壤盐分统计参数如表 2-9 所示。由统计结果可知，吉格斯太灌域土壤电导率在 108～655 μS/cm，为非盐渍化-轻度盐渍化土，中和西灌域土壤电导率在 93.1～2 690 μS/cm，结合平均值来看，属于轻度-中度局部、重度盐渍化土。从均值来看，土壤电导率随埋深的增加而逐渐增小，表明地表处于盐分累积状态。从不同深度来看，吉格斯太灌域土壤电导率极差随深度逐渐增加，C_v 值在 0.41～0.55，为中等变异程度；中和西灌域土壤电导率从上至下逐渐减小，C_v 值在 0.83～0.96，明显强于吉格斯太灌域，已接近中等变异强度的上限值。

3. 土壤盐分空间变异性

根据表 2-9 中偏度、峰度以及 k-s 检验结果，土壤经对数处理后近似服从对数正态分布，可以采用地统计学方法进行分析。利用 GS+9.0 对土壤电导率进行半方差分析，并选择最优模型进行数据拟合，结果如表 2-10 所示。

表 2-9　不同灌域土壤电导率统计特征值

灌域	土层	最大值/(μS/cm)	最小值/(μS/cm)	极差/(μS/cm)	平均值/(μS/cm)	标准差	偏度	峰度	C_v	$k-s$
吉格斯太	0~20 cm	545.00	121.00	424	252.64	104.19	1.19	1.01	0.41	0.152
	20~40 cm	647.00	108.00	539	218.69	117.82	1.95	4.99	0.54	0.146
	40~60 cm	655.00	111.00	544	214.44	118.39	2.24	6.15	0.55	0.295
中和西	0~20 cm	2 690.00	245.00	2 445	695.81	580.37	2.33	6.07	0.83	0.297
	20~40 cm	2 460.00	97.60	2 362.4	644.35	615.71	1.84	2.95	0.96	0.250
	40~60 cm	2 280.00	93.10	2 186.9	517.30	460.25	2.92	10.52	0.89	0.237

表 2-10　不同灌域土壤盐分半方差函数参数

灌域	土层/cm	模型	块金值(C_0)	基台值(C_0+C)	变程/km	R^2	空间相关性/[$C_0/(C_0+C)$]
吉格斯太	0~20	Gaussian	0.114 5	0.341 0	9.85	0.74	0.336
	20~40	Gaussian	0.030 5	0.211 0	0.54	0.54	0.145
	40~60	Gaussian	0.155 9	0.315 8	8.12	0.65	0.494
中和西	0~20	Gaussian	0.058	0.586	2.25	0.79	0.099
	20~40	Gaussian	0.577	3.164	7.19	0.59	0.182
	40~60	Spherical	0.245	0.582	4.56	0.63	0.421

根据表 2-10 的半方差分析结果,土壤电导率可以采用高斯模型和球面模型进行较好拟合。从分析两灌域不同土层电导率来看,吉格斯太灌域 20~40 cm、中和西灌域 0~40 cm 土层空间变异率低于 25%,表现出较强的空间连续性,其余土层空间相关性在 25%~75%,空间依赖性为中等强度。变程主要反映变量自相关范围的大小,从分析结果来看,吉格斯太灌域土壤电导率的变程为 0.54~9.85 km,中和西灌域变程为 2.25~7.19 km,表明各层土壤电导率在与变程相应的空间范围内具有相似性。

4. 土壤盐分空间分布

采用 Surfer12.0 基于克里金差值绘制两灌域土壤盐分的空间变异情况。由吉格斯太灌域土壤电导率空间分布来看,区域土壤电导率自西北向东南呈逐渐减小趋势,表现出较明显的斑块性。灌域土壤电导率普遍偏低,在高值区域存在面积有限的极值点,区域盐渍化程度为非盐渍化-轻度盐渍化程度。随着土层的加深,土壤盐分峰值逐渐降低,灌域东南部非盐化范围不断扩大,盐化区域则主要集中在区域西部。

分析中和西灌域土壤电导率空间分布(见图 2-10)可知,40 cm 以上土壤电导率均在东南边缘和西北部存在一个高值区,盐渍化程度达到重度以上。40~60 cm 土层电导率较以上两层电导率分布更加均匀,只在西北部存在一个重度盐渍化区域,但中度盐渍化面积有所扩大。

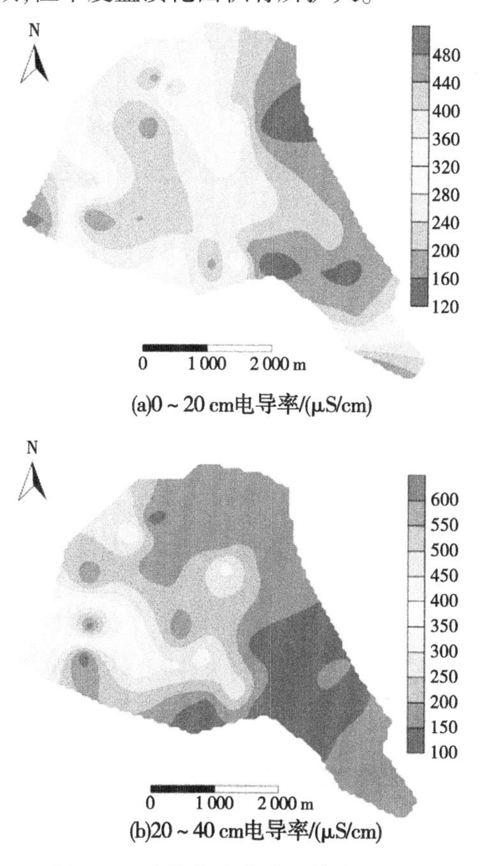

图 2-10 吉格斯太灌域土壤盐分及物理性质

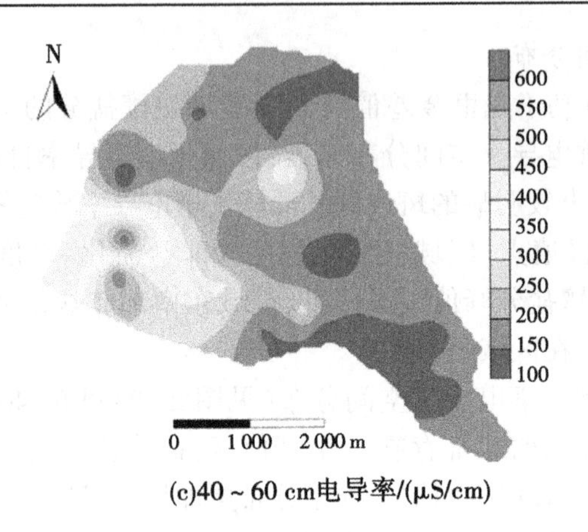

(c)40 ~ 60 cm电导率/(μS/cm)

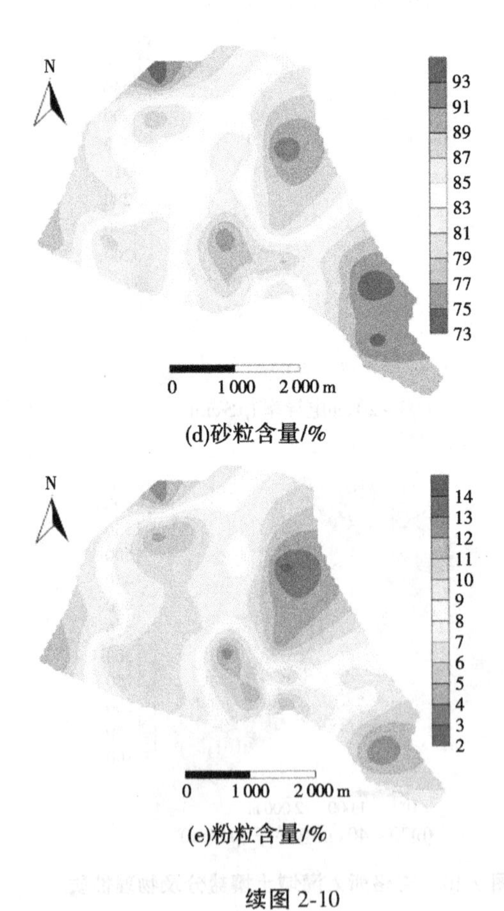

(d)砂粒含量/%

(e)粉粒含量/%

续图 2-10

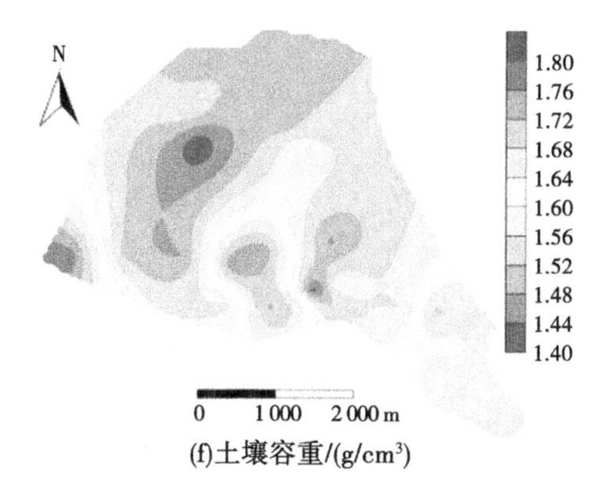

(f)土壤容重/(g/cm³)

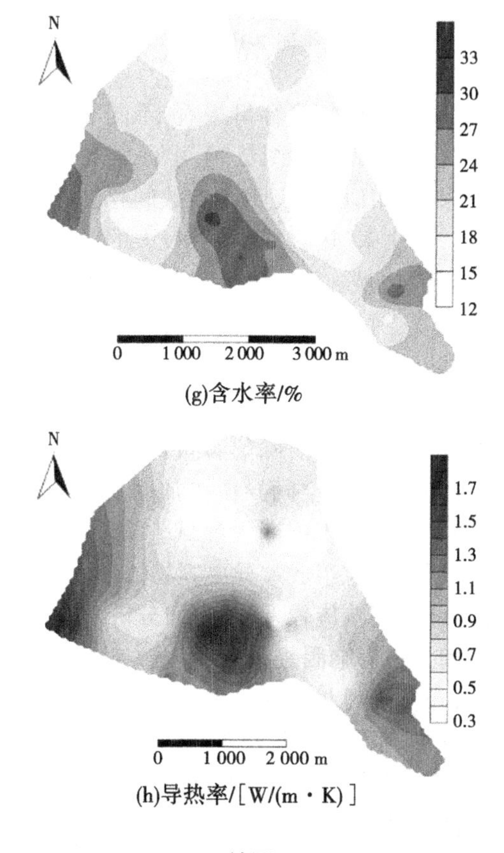

(g)含水率/%

(h)导热率/[W/(m·K)]

续图 2-10

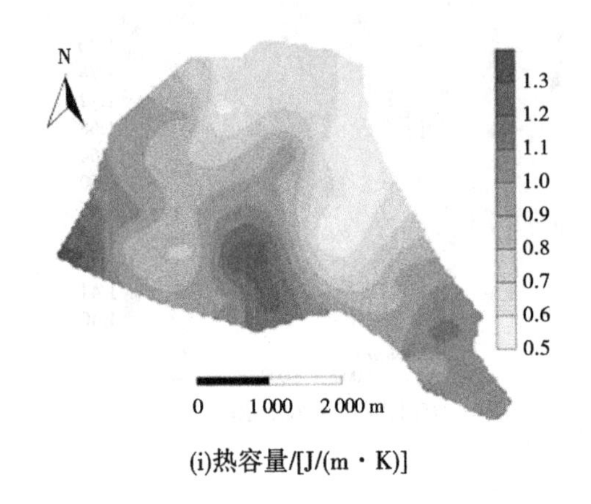

(i)热容量/[J/(m · K)]

续图 2-10

从比较土壤颗粒组成、导热率、热容量来看,不同灌域土壤物理特性与电导率空间分布的一致性存在差异。由图 2-10 可见,吉格斯太灌域各物理特性参数的空间分布具有较好的相似性,表明各参数间存在响应关系。各参数与电导率图斑分布较一致,导热率、热容量、容重较大的区域一般与电导率高值区相协调;砂粒含量较高的区域,土壤电导率则普遍较低。但从极值分布来看,电导率与物理特性参数空间分布不完全重合,存在异位性,表明土壤性质对盐分的影响具有空间滞后性。

由图 2-11 可见,中和西灌域土壤物理特性与电导率的空间分布也存在一定的协调性,但与吉格斯太灌域相比,除热容量外,其他参数仅在极值区与电导率空间协调性稍好,不同参数间空间异位更加明显。分析造成这一现象的原因可能与土壤质地差异有关。吉格斯太灌域土壤质地为砂土,颗粒组成差异很小,土质十分均匀,所以颗粒组成差异更容易体现。前期类似研究也发现砂壤土灌域对土壤盐分的空间响应较差,与本次分析结果类似。

2.3.2.3　土壤盐分空间分布影响因素

1. 土壤物理性质与含盐量的相关性

根据分析结果,土壤物理特性与电导率空间分布之间存在一致性和异位响应,且随灌域的不同而有所差异,表明物理性质可能对土壤盐分存在影响。采用相关分析法,计算两灌域表层土壤电导率与土壤物理参数的相关性,结果如表 2-11 所示。

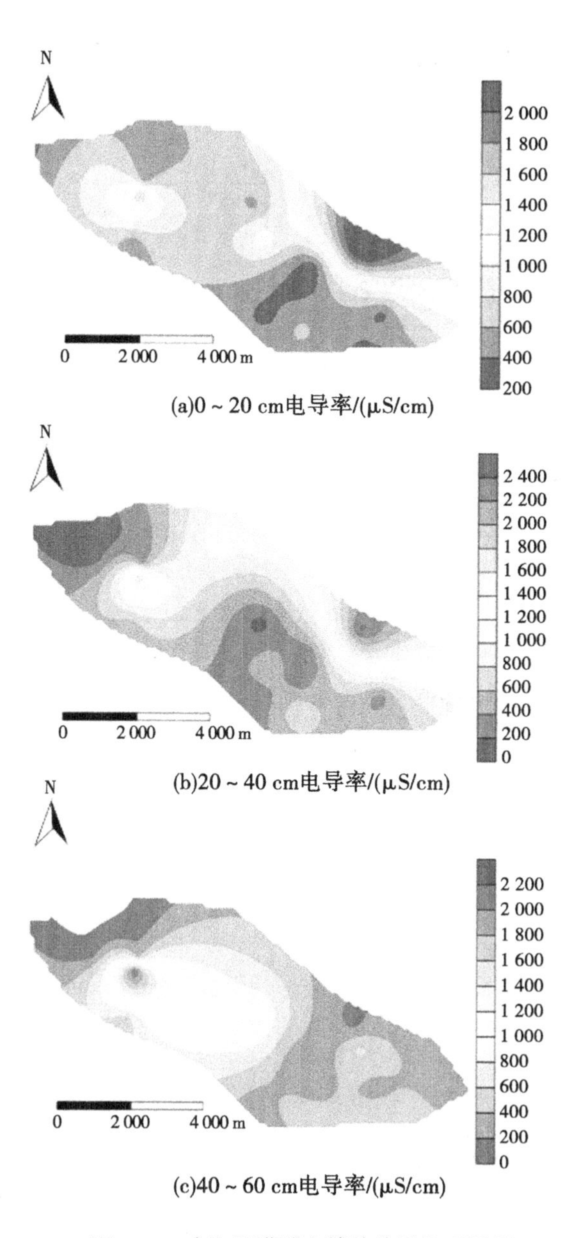

(a)0 ~ 20 cm电导率/(μS/cm)

(b)20 ~ 40 cm电导率/(μS/cm)

(c)40 ~ 60 cm电导率/(μS/cm)

图 2-11 中和西灌域土壤盐分及物理性质

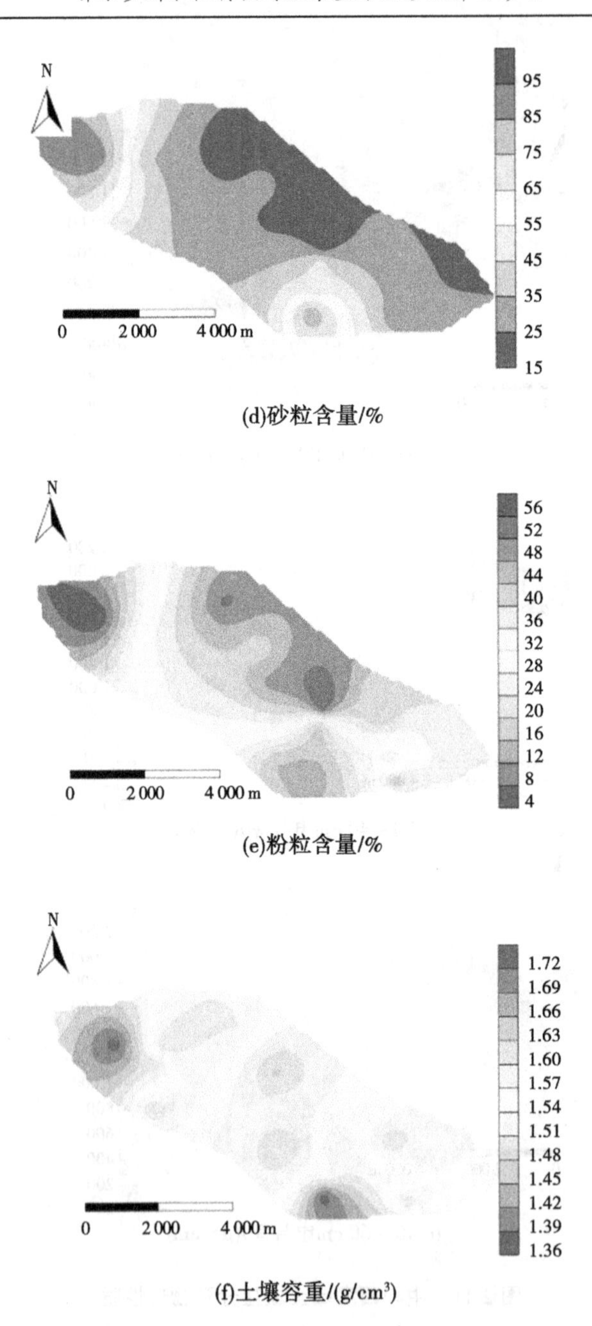

(d)砂粒含量/%

(e)粉粒含量/%

(f)土壤容重/(g/cm³)

续图 2-11

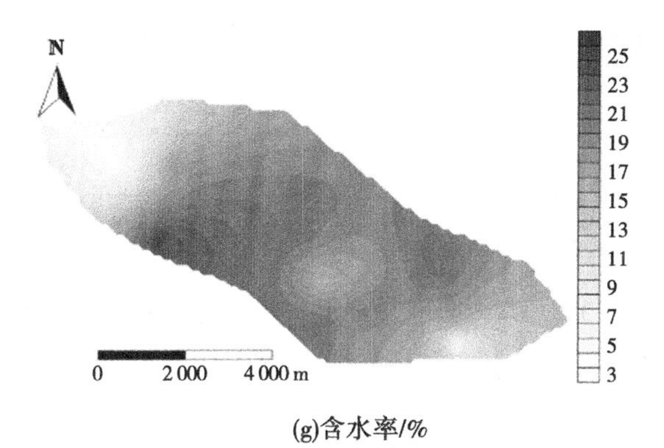

(g)含水率/%

(h)导热率/[W/(m · K)]

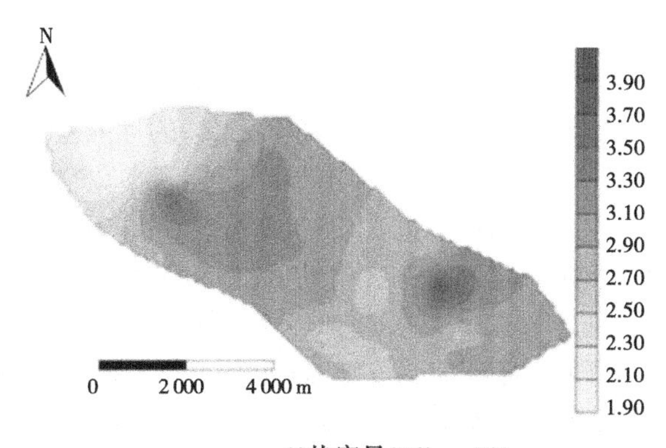

(i)热容量/[J/(m · K)]

续图 2-11

表 2-11　土壤电导率与土壤物理特性参数相关性

灌域	土壤质地	土壤物理特性参数						
		容重	砂粒	粉粒	黏粒	含水率	导热率	热容量
砂土灌域	砂土	0.197	-0.102	0.054	0.239	0.143	0.210	0.200
砂壤土灌域	砂壤土	0.135	-0.314	0.373	-0.029	0.477*	0.119	0.497*

注：* 表示在 $P<0.05$ 水平上相关性显著。

由表 2-11 可知，吉格斯太灌域土壤电导率与物理特性参数间的相关性均不显著；中和西灌域土壤电导率与含水率、热容量之间显著相关，但与土壤导热率等参数相关性不显著。因受到立地条件及人类活动的共同作用，土壤盐分与物理性质之间的响应关系在不同区域有所差异。结合已有成果，刘继龙在杨凌地区开展的研究认为不同尺度 0~20 cm 土壤电导率与土壤容重及机械组成相关性均不显著，与本次结论一致；但樊会敏等在渭北地区则发现黏壤土 0~20 cm 土壤盐分与土壤机械组成显著相关。

相关性分析只能反映两个随机变量间的相关关系，难以体现变量在空间上的关联程度。作为不均一变化连续体，土壤特性对土壤盐分的影响还可能存在空间上的依赖性。本次采用互相关函数法分析两个变量间空间分布关系，研究土壤盐分与物理参数间的空间相关性，计算公式如下：

$$d(h)=\frac{1}{S_1S_2[N(h)-1]}\sum_{i=1}^{N(h)}[Z_{1(x_i)}-\overline{Z_1}][Z_{2(x_i)}-\overline{Z_2}] \tag{2-8}$$

式中：$d(h)$ 为互相关函数；$Z_{1(x_i)}$ 和 $Z_{2(x_i)}$ 为采样点 x_i 处区域化变量 Z_1、Z_2 的实测值；$\overline{Z_1}$ 和 $\overline{Z_2}$ 分别为 Z_1、Z_2 的均值；S_1、S_2 为 Z_1、Z_2 的标准差。

采用互相关函数分析不同灌域土壤电导率与物理参数空间的关系，结果如图 2-12 和图 2-13 所示。图中虚线为 95% 置信线，相关函数值超过置信线即为相关达到显著，否则不显著。从吉格斯太灌域（见图 2-12）来看，土壤盐分与黏粒含量、容重在 2~6 km 内显著正相关，与砂粒含量在 2.5~4 km 内显著负相关，与粉粒含量未达显著相关级别，表明在上述空间尺度范围内土壤含盐量随黏粒含量、容重的增加而增大，随砂粒含量增加而减小。土壤水热特性与土壤盐分的空间分布相关程度较高，在 2~6 km 均与土壤含盐量显著正相关。上述分析表明，吉格斯太灌域土壤含盐量与物理特性参数的空间分布具有协同性，物理特性对土壤电导率存在空间滞后影响。

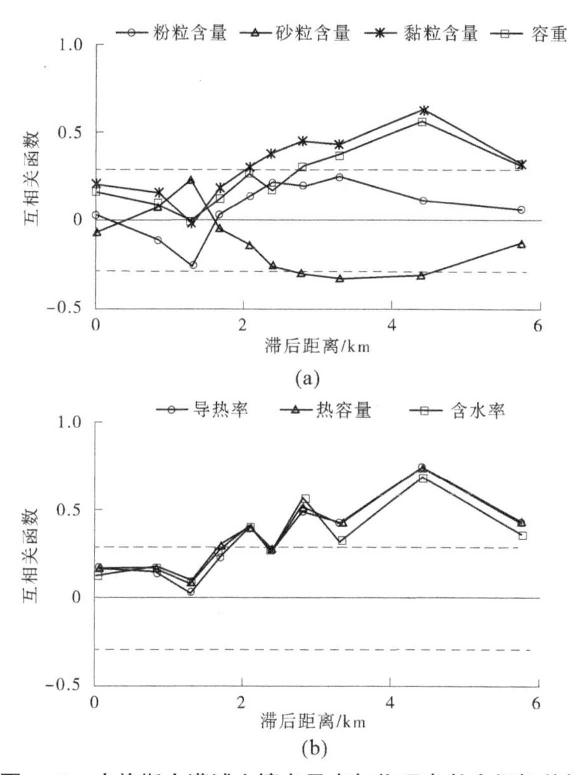

图 2-12 吉格斯太灌域土壤电导率与物理参数空间相关性

从图 2-13 来看,中和西灌域土壤质地与电导率间空间相关性不明显,其中与土壤容重的相关性未达显著级别,与颗粒组成间只在个别点略高于置信线。从水热参数来看,土壤导热率在 6~12 km 与电导率达到显著相关级别;含水量及热容量除 0 点附近外,与土壤电导率的相关性均未达到显著级别。结合前期成果来看,王全九等对新疆砂壤土-粉壤土灌区的研究发现灌区土壤盐分空间分布与含水率、热容量及导热率等参数的空间关系不显著,与本书研究结论一致。对比分析结果可见,土壤质地及水热条件对土壤盐分的空间分布存在影响,但在不同土质灌域两者的空间响应关系存在差异。

需要说明的是,表 2-11 与图 2-12、图 2-13 采用不同方法对土壤电导率与物理特性的相关性进行了分析,两分析结果存在差异,但并不矛盾。当滞后距离为 0 时,互相关函数与双因子相关性分析结果一致;当滞后距离>0 时,互相关函数值即为该空间尺度范围内两变量间的相关程度。空间相关关系达到显著水平,表明在该滞后距离范围内变量间具有空间协同性。

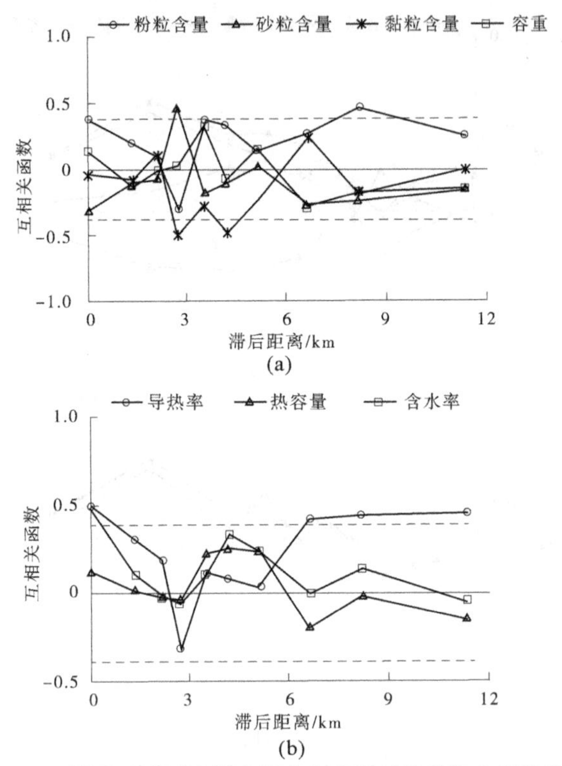

图 2-13　中和西灌域土壤电导率与物理特性参数空间相关性

2. 地下水与土壤盐分空间的相关性分析

本底调查过程中,结合农用井对区域地下水情况一并进行了调查。中和西灌域调查区域主要为扬黄灌溉,区域内农用井数量较少,吉格斯太灌域为井渠结合灌域,农用井数量较多。结合该灌域地下水情况对土壤盐分与地下水的关系进行了分析研究。地下水埋深、含盐量及表层土壤轻度盐渍化风险分布如图 2-14 所示。

由图 2-14 可知,吉格斯太灌域地下水埋深由北向南逐渐加大,北、西北部受黄河侧向补给深度 H<1.5 m。灌域南部地下水埋深逐渐加大,东南侧井灌区 H 超过 3 m。地下水含盐量的空间分布与埋深相类似,自西北向东南逐渐降低。结合土壤轻度盐渍化概率分布,地下水埋深较浅(<1.5 m)、含盐量较高(>2.4 g/L)的灌区西、北部是发生轻度盐渍化的高风险区,从空间分布来看地下水埋深及盐分含量与土壤盐分存在响应关系。

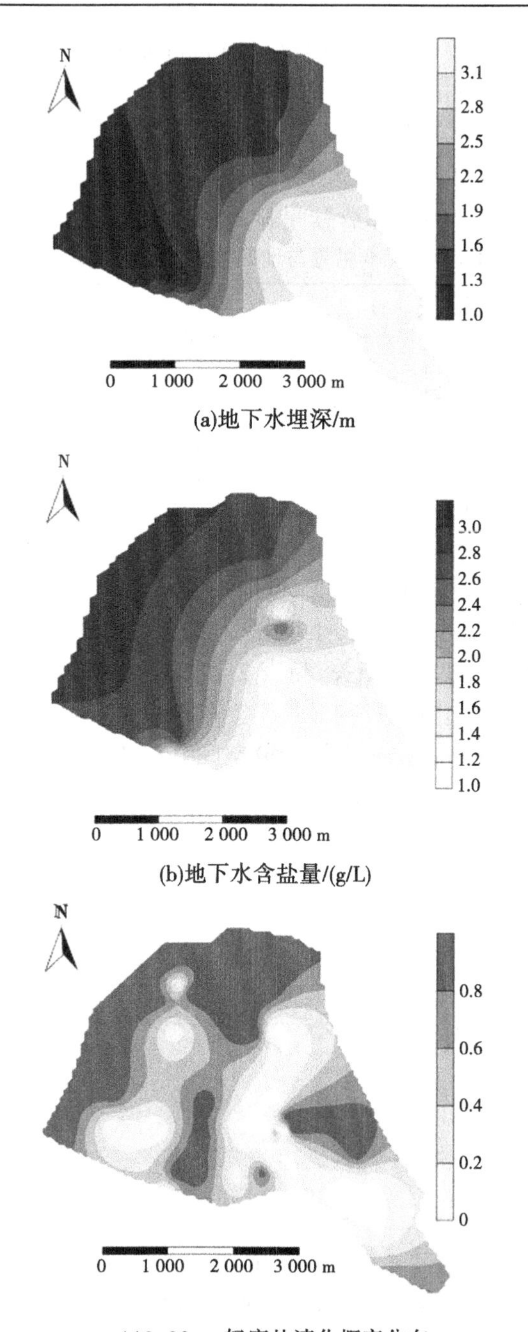

图 2-14 地下水埋深、含盐量及表层土壤轻度盐渍化风险分布(吉格斯太井渠结合)

为便于分析，将土壤划分为表层（0～20 cm）和中下层（20～60 cm），中下层土壤含盐量采用 20 cm 以下含盐量均值。地下水与含盐量相关性分析结果如表 2-12 所示。由于地下水井与采样点无法一一对应，地下水数据采用空间差值结果。由表 2-12 可知，地下水对土壤含盐量影响明显，土壤含盐量与地下水埋深显著负相关，与地下水含盐量显著正相关。

表 2-12　不同土层土壤含盐量与地下水、表层土壤物理特性相关性

土层	地下水参数		土层	地下水参数	
	埋深	含盐量		埋深	含盐量
表层（0～20 cm）	−0.397*	0.406*	中下层（20～60 cm）	−0.412*	0.436*

注：* 表示在 $P<0.05$ 水平上相关性显著。

采用互相关函数分层分析土壤含盐量与地下水、土壤物理及水热参数的空间分布关系，结果如图 2-15 所示。地下水与表层及中下层土壤盐分在整个空间分布范围内相关程度均较高，土壤盐分与地下水含盐量呈显著的空间正相关，与地下水埋深呈显著负相关，与表 2-12 分析结果相一致。对比前述分析可见，地下水对土壤盐分的影响显著于土壤颗粒组成等物理参数，对于吉格斯太灌域而言，地下水应是决定土壤盐分空间分布的主要立地因素。

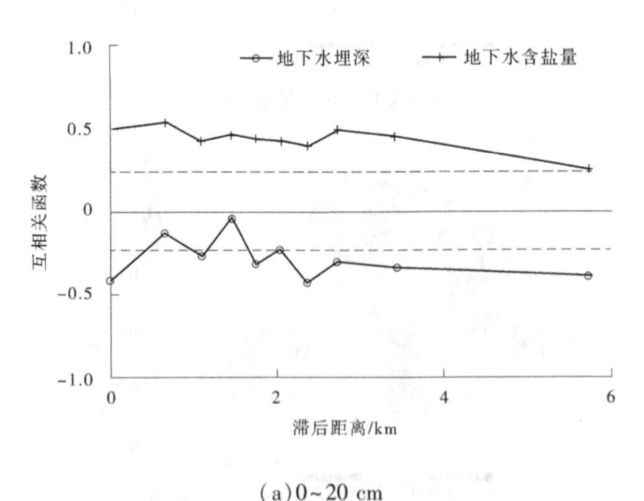

（a）0～20 cm

图 2-15　地下水与 0～20 cm、20～60 cm 土壤电导率空间相关性

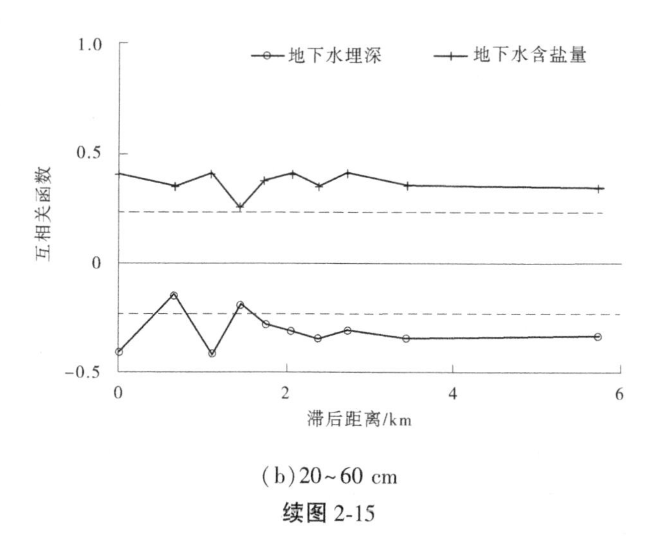

(b)20~60 cm
续图 2-15

2.4　试验设计与方法

本书旨在揭示不同灌溉方式下土壤盐分的运移和变化，需要针对不同灌溉方式开展实地监测。根据《二期规划》，二期主要采用畦田改造(占比49.8%)、滴灌(占比18.2%)和喷灌(占比14.3%)进行田间节水。但在调研过程中发现，畦田灌溉由于对原有生产方式改变不大，基本都已投入运行，但规划喷、滴灌工程投入运行的十分有限，又极为分散。由于灌区东西狭长(>400 km)，加之当地没有灌溉试验站，田间试验观测只能按照农业生产习惯开展，因此本次从照顾全面、便于操作出发，采用点面结合、连续观测与巡测相结合的试验布置方式。同时，为了补充节水改造进度缓慢的不足，还在田间试验的基础上设置了土柱试验。田间监测试验主要侧重于反映当地的实际农业生产情况下的土壤盐分运动；土柱试验侧重于反映人为控制灌溉及地下水条件下，土壤水盐运动的观测研究。

2.4.1　本项目研究范围

根据《二期规划》喷灌和滴灌主要根据灌区土地类型、土壤质地、地下水动态等，选择在地下水埋藏较深、改造前无盐碱化、土壤渗透性较高的区域进行，喷灌以美国维蒙特大型喷灌机为主，滴灌采用滴灌带灌溉。除上述区域外,其余水文地质及土壤条件不适宜搞喷灌和滴灌的区域全部改造为畦田灌溉区,田间灌溉工程系统按渠道衬砌、畦田标准化进行改造配套建设。畦田规格按照“一亩两畦”建设,即宽约 6.7 m,长度约 50 m。

二期水权转让工作通过种植结构调整、畦田改造、渠灌改喷灌、渠灌改滴灌、末级渠道衬砌等措施实现田间深度节水。畦田改造和作物种植结构调整与田间灌溉制度及灌溉方式无关,因此本次重点考虑畦田改造、喷灌和滴灌等田间节水灌溉工程。

按照现状规划实施喷、滴灌区域的本底调查情况,喷、滴灌区域均选择在砂土区布置。砂质土颗粒较粗,渗透性好,土壤盐渍化程度一般较轻。按照现状喷、滴灌布置区域,本书重点研究砂土区不同灌溉方式对土壤盐分的影响。

综上所述,本书以南岸灌区二期水权转让为背景,结合田间节水灌溉工程布置实际,研究砂质土区域喷灌、滴灌和畦田灌溉等不同灌溉方式灌溉后耕作层土壤盐分的变化情况,分析二期水权转让设计灌溉制度是否能够满足节水和控盐的双重要求,提出灌溉制度的优化空间,以及优化后对节水量和转让水量的影响。

2.4.2 试验设计

2.4.2.1 土柱试验

由于田间试验生产条件限制,本次布置了土柱观测试验,区分不同地下水埋深条件下,土壤盐分运动对灌溉水量的响应。土柱试验在 2018 年进行。

2.4.2.2 田间观测试验

试验点的布设综合考虑灌溉方式及地下水埋深等主要因素的影响,设置了喷灌、滴灌及畦田灌溉等 3 种灌溉方式。采用自动监测设备、人工取样的方式连续观测土壤水盐变化,采样深度上按照从地表以下 10 cm、30 cm、50 cm、70 cm、100 cm 分层取样(监测)。项目主要在吉格斯太灌域进行了 2017—2018 年度的畦田灌溉观测,重点观测水盐变化规律与机制,共布设观测点 11 个,采用人工取样。在中和西、巴拉亥灌域布置 3 个滴灌监测点;在白泥井灌域布置 3 个地下水喷灌典型调查巡测点。

2.4.3 观测项目与方法

2.4.3.1 田间观测试验布置

畦田灌溉试验结合前期基础,在吉格斯太灌域进行,主要采用人工取样进行数据监测,滴灌试验在中和西灌域进行自动监测,在周边设置畦田对比观测;在巴拉亥、树林召等灌域设置滴灌巡测点。因引黄喷灌尚无投用田块,因此采用调查法分析白泥井灌域地下水灌喷情况。

尽管按照工程规划,南岸灌区多数灌域均布置了畦田、喷灌和滴灌,但在实际生产中发现,喷灌要求大型农牧场等土地经营集中、种植单一的作物,且其运行费用较大,因此近年来发展缓慢,灌区喷灌面积也从最初的占比23%调整到10%。因黄河水喷灌需要解决田间配水问题,因此目前灌域还没有投入运行的引黄喷灌田块。灌区内白泥井灌域有地下水喷管示范项目,采用的旋臂式大型喷灌机,已有多年运行历史。田间试验从生产实际出发,重点开展畦田和滴灌观测试验,喷灌试验采用类比调查法,对白泥井灌域地下水喷灌盐分运动情况进行分析。试验开展情况如图2-16所示。

图2-16　试验开展情况

1. 畦田灌溉观测试验

1)处理及编号

畦田灌溉试验在吉格斯太灌域进行,按照地下水埋深布置9个观测点,每个点布设1眼地下水观测井，观测井附近田块即为对应的试验观测区，在观测区内取土测土壤含水率及含盐量。按照地下水埋深条件，划分为Q1（*H*＝1.0～1.5 m）、Q2（*H*＝1.5～2.5 m）、Q3（*H*>2.5 m）三组，每组三个监测点，土壤水盐值取组内均值。观测点分布及编号见表2-13。

表2-13　吉格斯太灌域观测点位置

编号	地下水埋深/*H*	序号	观测井经纬度		2017年			2018年		
			E(°)	N(°)	作物	灌水次数	灌水定额/（m^3/亩）	作物	灌水次数	灌水定额/（m^3/亩）
Q1	1.0～1.5 m	1	110.631	40.293	玉米	3	春灌：100 生育期：63	玉米	2	春灌：95 生育期：58.7
		2	110.633	40.294	玉米	3		玉米	2	
		3	110.633	40.289	玉米	3		葵花	2	
Q2	1.5～2.5 m	4	110.635	40.286	葵花	3	春灌：105 生育期：65	葵花	2	春灌：110 生育期：62
		5	110.635	40.276	葵花	5		葵花	4	
		6	110.615	40.267	葵花	5		葵花	4	
Q3	>2.5 m	7	110.634	40.279	葵花	5	春灌：100 生育期：61	葵花	4	春灌：103 生育期：64
		8	110.633	40.276	玉米	4		玉米	3	
		9	110.635	40.279	玉米	4		玉米	3	

2）试验观测内容及方法

气象数据从当地气象站获取。土壤含水率、含盐量采用人工分层取土，烘干法测定土壤电导率，使用便携式盐分计（2265FS）测量土壤电导率，换算含盐量。使用测绳观测地下水位。灌水及地下水水质采用便携式盐分计测定。土壤容重等参数按照理化性质采样要求用环刀取原状土，测定相关参数。灌水量按照流速法和水工建筑物法换算。

3）试验观测制度

采用人工取样，在灌溉期按每次灌水前、灌水后及两次灌水间隔之间分别进行观测；非灌溉期按照5～10 d观测一次，具体视各点实际农事而定。地下水埋深、水质每次取土样观测一次，灌水前后适当加密。灌水量、水质在每次灌水时进行观测。

4) 耕作概况

观测区主要作物为向日葵和玉米，各样区作物种植概况见表 2-13。由于 2018 年度降水量较大，所选各样区灌溉次数普遍较 2017 年度少。观测区土壤补给水源为黄河水、地下水。根据试验期内多次观测数据，井水电导率平均为 1 198 μs/cm，引黄水平均为 820 μs/cm。各水源水质见表 2-14。

表 2-14 农作物各补给水源水质概况 单位：μS/cm

水源	水质					均值
引黄水	797	755	788	950	810	820
地下水	1 466	1 266	1 085	1 437	734	1 198

2. 滴灌试验

从目前来看，滴灌在南岸灌区实施区域也较有限。试验期间中和西(2017—2018 年，2 个点 D1、D2)、巴拉亥、树林召等灌域个别区域 2018 年实施了黄河水滴灌。滴灌田间试验对中和西灌域两个点进行了连续监测，其余点进行了巡测。各滴灌观测点如表 2-15 所示。

表 2-15 滴灌观测点位置

<table>
<tr><th rowspan="2">灌域</th><th rowspan="2">编号</th><th colspan="2">观测井经纬度</th><th rowspan="2">作物</th><th colspan="3">灌溉制度</th><th rowspan="2">说明</th></tr>
<tr><th>E(°)</th><th>N(°)</th><th>灌水次数</th><th>灌水定额/(m^3/亩)</th><th>灌溉定额/(m^3/亩)</th></tr>
<tr><td rowspan="3">中和西</td><td>D1</td><td>109.053</td><td>40.516</td><td>玉米</td><td>13</td><td>17</td><td>221</td><td rowspan="3">长观点</td></tr>
<tr><td>D2</td><td>109.053</td><td>40.521</td><td>玉米</td><td>13</td><td>20</td><td>260</td></tr>
<tr><td>DD</td><td>109.083</td><td>40.510</td><td>玉米</td><td>4</td><td>70</td><td>280</td></tr>
<tr><td colspan="2">巴拉亥</td><td>107.170</td><td>40.373</td><td>玉米</td><td>12</td><td>15</td><td>180</td><td rowspan="3">巡测点</td></tr>
<tr><td colspan="2">恩格贝</td><td>109.315</td><td>40.456</td><td>玉米</td><td>13</td><td>18</td><td>234</td></tr>
<tr><td colspan="2">树林召</td><td>110.253</td><td>40.413</td><td>饲料玉米</td><td>13</td><td>17</td><td>221</td></tr>
</table>

考虑到滴灌灌溉频率较高，人工取样工作量巨大，滴灌长期观测点主要采

用 ECH_2O-5TE 系统,见图 2-17。对土壤水分、温度及溶质动态进行在线监测。ECH_2O 土壤传感器通过测量土壤介电常数来获得体积含水量、温度和电导率。EM50 是 ECH_2O 系统中的数据采集器,具有 5 通道独立数据。地下水仍采用人工监测,监测频率为 10~15 d,其余监测方式及数据来源不变。巡测点采用人工取土观测。

图 2-17　ECH_2O-5TE 监测系统

3. 喷灌典型调查

鉴于南岸灌区引黄喷灌尚未投入实际生产,本次基于对地下水喷灌的调查分析喷灌实施后对土壤盐分的影响。调查区域主要选择在白泥井灌域,该区域自 2007 年起实施地下水喷灌,已有多年喷灌历史。本次参考前人在新疆地区的研究经验,分别对白泥井镇实施 3 年、5 年和 10 年(分别记为 P1、P2 和 P3)的喷灌地块进行了巡测人工采样调查,同时选择其周边作物相同的井灌玉米地作为对照(记为 DP),各地块位置如图 2-18 所示,采样频率为每 20~30 d 一次。调查在 2018 年进行,各喷灌调查采样点如表 2-16 所示,主要分析实施不同年限喷灌的土壤盐分差异,判断喷灌对土壤盐分造成的潜在影响。该区为地下水的深埋区(H>5 m),地下水对土壤盐分基本不存在影响,因此未对地下水进行观测。

图 2-18　喷灌调查采样地块

表 2-16　2018 年喷灌调查采样点信息

灌域	地下水埋深/m	喷灌方式	编号	观测井经纬度		作物	灌溉制度		
				E(°)	N(°)		灌水次数	灌水定额/(m^3/亩)	灌溉定额/(m^3/亩)
白泥井	>5 m	喷灌 3	P1	110.484	40.314	玉米	8	35	280
		喷灌 5	P2	110.459	40.308	玉米	8	40	320
		喷灌 10	P3	110.434	40.320	玉米	7	42	294
		井灌	DP	110.440	40.319	玉米	5	68	340

2.4.3.2　土柱试验布置

为模拟灌区生产条件,土柱试验设置在独贵杭锦灌域,并露天进行,自 2018 年 5 月 26 日至 9 月 18 日,共计 116 d。采用直径 0.2 m 的 PVC 管设置土柱,土壤取自当地农田耕作层土壤,土壤质地为砂壤土,容重为 1.56 g/cm^3,土壤自上而下按照原状土干密度分层填充。土柱采用裸土,不栽种作物。为模拟地下水环境,将土柱置于装有地下水的水桶内,水桶埋于地面以下以最大程度地保持水温。桶内水体取自当地地下水,根据监测附近的农用井,当地地下水含盐量为 3.0 g/L,属于咸水,深度保持在 50 cm;地下水埋深及含盐量每 5 d 测量一次,采用电导率(±5%以内)控制地下水含盐量稳定,不足时补充氯化钠,过高时补充自来水,并维持桶内水深不变。土柱底部设置纱网、粗砂及石子等反滤层,分层开孔采用 5ET 探头+读数表采集土壤水盐变化。试验设置如图 2-19 所示。

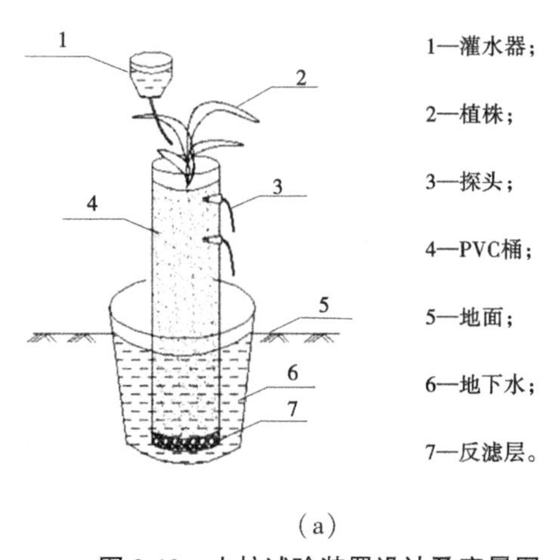

(a)

图 2-19　土柱试验装置设计及实景图

(b)

续图 2-19

为模拟地下水对土壤盐分的影响,通过控制土柱长度设置 0.5 m、0.7 m、1.2 m、1.7 m、2.2 m 共 5 个地下水埋深,各处理按照当地不同灌溉方式设置低(0.7 L,15 m^3/亩,22 mm)、中(1.4 L,30 m^3/亩,44 mm)和高(2.8 L,60 m^3/亩,88 mm)3 个灌溉定额,共计 15 个处理。各土柱分层打孔,每层 3 个孔,各次采集三个孔数据均值作为监测结果,监测层位如表 2-17 所示。

表 2-17 土柱监测孔分层情况

<table>
<tr><th>序号</th><th>编号</th><th>定额/(L/次)</th><th>地下水埋深 H/m</th><th>取样点</th><th colspan="5">取样位置</th></tr>
<tr><td>1</td><td>L-0.5</td><td>0.7</td><td rowspan="3">0.5</td><td rowspan="2">绝对深度 h/m</td><td rowspan="2">0</td><td rowspan="2">0.10</td><td rowspan="2">0.20</td><td rowspan="2"></td><td rowspan="2"></td></tr>
<tr><td>2</td><td>M-0.5</td><td>1.4</td></tr>
<tr><td>3</td><td>H-0.5</td><td>2.8</td><td>相对深度 h/H</td><td>0</td><td>0.20</td><td>0.40</td><td></td><td></td></tr>
<tr><td>4</td><td>L-0.7</td><td>0.7</td><td rowspan="3">0.7</td><td rowspan="2">绝对深度 h/m</td><td rowspan="2">0</td><td rowspan="2">0.10</td><td rowspan="2">0.20</td><td rowspan="2">0.3</td><td rowspan="2">0.4</td></tr>
<tr><td>5</td><td>M-0.7</td><td>1.4</td></tr>
<tr><td>6</td><td>H-0.7</td><td>2.8</td><td>相对深度 h/H</td><td>0</td><td>0.14</td><td>0.28</td><td>0.42</td><td>0.57</td></tr>
<tr><td>7</td><td>L-1.2</td><td>0.7</td><td rowspan="3">1.2</td><td rowspan="2">绝对深度 h/m</td><td rowspan="2">0</td><td rowspan="2">0.20</td><td rowspan="2">0.4</td><td rowspan="2">0.60</td><td rowspan="2">0.80</td></tr>
<tr><td>8</td><td>M-1.2</td><td>1.4</td></tr>
<tr><td>9</td><td>H-1.2</td><td>2.8</td><td>相对深度 h/H</td><td>0</td><td>0.17</td><td>0.33</td><td>0.50</td><td>0.75</td></tr>
</table>

续表 2-17

序号	编号	定额/(L/次)	地下水埋深 H/m	取样点	取样位置				
10	L-1.7	0.7	1.7	绝对深度 h/m	0	0.30	0.60	0.90	1.20
11	M-1.7	1.4							
12	H-1.7	2.8		相对深度 h/H	0	0.17	0.35	0.53	0.70
13	L-2.2	0.7	2.2	绝对深度 h/m	0	0.40	0.80	1.20	1.60
14	M-2.2	1.4							
15	H-2.2	2.8		相对深度 h/H	0	0.18	0.36	0.55	0.73

为模拟当地水权转让节水改造的实际情况,采用黄河水灌溉(含盐量约0.55 g/L),灌溉制度按照《二期规划》中滴灌、喷灌和畦田灌溉设置低、中、高三个定额。不同处理灌溉制度如下:

(1)低定额灌溉:按当地滴灌灌溉制度执行22 mm(0.7 L/次,15 m^3/亩),每10 d灌溉1次,采用 ECH_2O-5TE 自动连续监测。

(2)中定额灌溉:按当地喷灌灌溉制度执行44 mm(1.4 L/次,30 m^3/亩),每15 d灌溉1次,采用5TE探头+读数表人工观测,观测周期为5 d,灌水前、后各加密1次。

(3)高定额灌溉:按当地畦田灌溉制度执行88 mm(2.8 L/次,60 m^3/亩),每30 d灌溉1次,采用5TE探头+读数表人工观测,观测周期为5 d,灌水前、后各加密1次。

土柱编号采用"灌水量+埋深"的记录方式,如L-0.7表示低定额、地下水埋深0.7 m的土柱。各处理观测阶段及灌溉次数如表2-18所示。

表 2-18 土柱试验灌溉制度

处理	低定额灌溉/(0.7 L/次)	中定额灌溉/(1.4 L/次)	高定额灌溉/(2.8 L/次)
灌溉次数	11次	7次	4次
灌溉总量	165 m^3/亩	210 m^3/亩	240 m^3/亩

2.5 本章小结

本章基于对灌域开展的本底调查情况,从灌区尺度上分析土壤盐分的总体情况、空间分布,并对不同灌域土壤电导率与土壤物理参数和地下水之间的关系进行研究,得到结论如下:

(1)吉格斯太灌域为非盐渍化-轻度盐渍化土,表层土壤电导率属中等变异程度;中和西灌域为轻度-中度局部、重度盐渍化土,土壤电导率为中等偏强变异程度。土质细粒含量较高的中和西(砂壤土)灌域的土壤含盐量明显高于吉格斯太(砂土)灌域,土壤质地对土壤盐化程度存在影响。

(2)土壤电导率在一定范围内具有空间结构特性,可采用高斯模型进行拟合,土壤物理参数及地下水情况与土壤盐分空间分布具有异位协调性。

(3)不同土质灌域土壤盐分与物理特性参数的空间响应关系存在差异。吉格斯太(砂土)灌域土壤电导率与黏粒含量、土壤容重、土壤含水率、导热率及热容量在 2~6 km 显著正相关;与砂粒含量在 2.5~4 km 显著负相关,物理特性对土壤盐分的影响具有空间滞后性。中和西(砂壤土)灌域土壤电导率与物理特性分布之间相关性均较低。

(4)地下水是影响土壤盐分空间分布的主要因素。土壤含盐量与地下水埋深显著负相关,与地下水含盐量显著正相关,地下水埋深<1.6 m、含盐量>2.4 g/L 的区域发生轻度盐渍化的风险较高。

3 喷、滴灌条件下土壤盐分迁移规律及影响

3.1 不同灌溉方式下土壤水盐的年度及年际变化

3.1.1 土壤盐分年际变化

3.1.1.1 畦田灌溉土壤盐分年际变化

畦田灌溉土壤盐分及地下水年际变化如图 3-1 所示。从年际来看 0~20 cm 土壤盐分变化呈现准周期性，在灌溉季节开始后表层土壤盐分表现出较快的增长，在 5—6 月达到峰值后快速下降，在灌溉期末基本恢复到初期水平。随着埋深的增加，土壤盐分的周期变化趋势逐渐减弱，表明腾发作用对土壤盐分的影响逐渐减弱。

由于 2018 年降水量明显大于 2017 年，观测点地下水位显著升高。在埋深较大的 Q2 和 Q3 中，2018 年灌溉末期土壤盐分低于 2017 年，随降水增加盐分淋洗增强。但地下水埋深较小的 Q1 在 2018 年没有表现出盐分的淋洗，反而出现盐分升高现象。这主要是因为 2018 年地下水位持续升高，后期埋深减小到 1 m 左右，地下水对土壤影响增加，土壤盐分从地下水向上层累积。综合来看，在埋深较大的区域，畦田灌溉没有造成盐分累积。

3.1.1.2 滴灌土壤盐分年际变化

滴灌土壤盐分年际变化如图 3-2 所示。由于灌区真正投入使用的以黄河为水源的高效节水灌溉仍十分有限，可供选择的灌溉区域也十分有限，因此本次对中和西灌域的两个滴灌点进行分析。从年际变化来看，滴灌土壤盐分表现出一定的周期变化，即在灌溉周期内土壤盐分升高，接近灌溉期末土壤盐分降低，随后因秋浇作用使土壤盐分逐渐恢复至灌前水平。

从不同图层来看，与畦田灌溉不同，D1、D2 两个观测点 0~20 cm 土壤盐分低于 20~40 cm 土壤盐分。这主要与滴灌灌溉频繁，但水量不大，湿润深度有限，土壤盐分只发生表层淋洗、中下层累积的变化。D1、D2 两点地下水埋深均在>2 m 处，差异不明显，土壤盐分与地下水变化之间的响应不明显，盐分变化主要与灌溉有关。

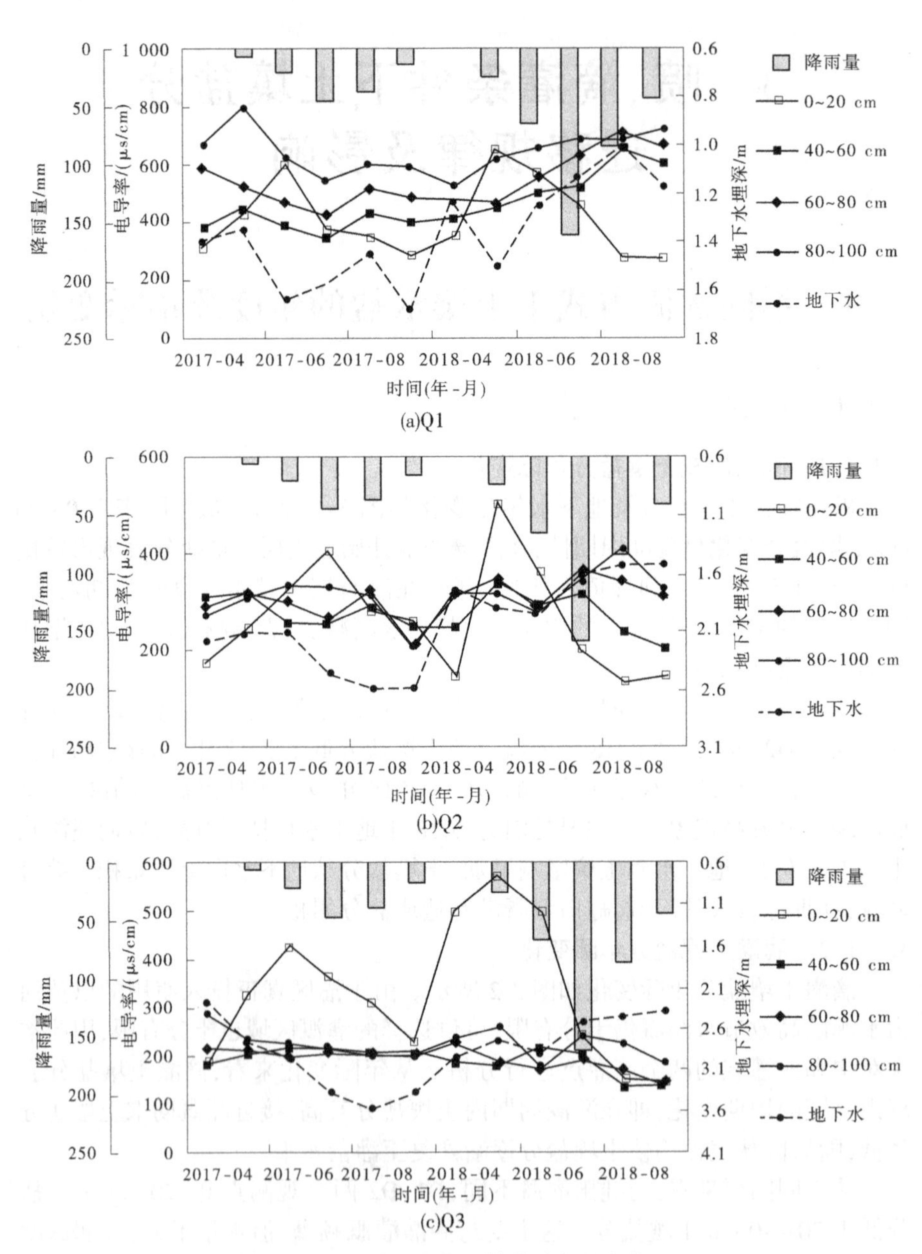

(a)Q1

(b)Q2

(c)Q3

图 3-1　畦田灌溉土壤盐分年际变化

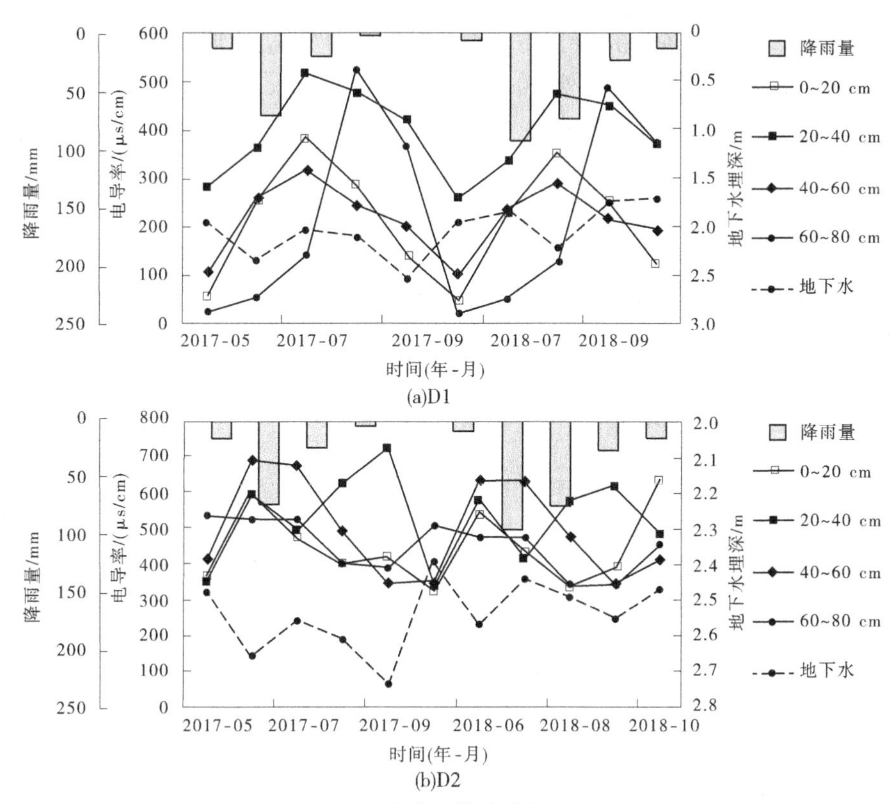

图 3-2 滴灌土壤盐分年际变化

3.1.2 土壤盐分年内变化

年内土壤水盐变化与灌溉过程有着较为密切的关系,根据监测数据分析土壤水盐在年内的变化过程,可以更好地了解在时间上土壤水盐的变化趋势。由于篇幅所限,本次在畦田灌溉和滴灌各选择一个典型区(Q1、D1),以 2018 年为典型年分析土壤水盐年内变化过程。

3.1.2.1 畦田灌溉年内土壤水盐变化

由于畦田灌溉采用人工取土监测,数据不连续,因此以 Q1 为典型,采用旬均值进行分析。Q1 监测时段为 4 月 24 日至 9 月 18 日,4 月 25 日监测点进行春灌,灌水定额约 150 mm,由于后期降雨量较大,因此没有进行秋浇。从各土层来看,在 7 月中旬以前,0~20 cm 土壤盐分明显高于其余土层,且在 5 月下旬达到峰值,这与前期蒸散发强烈、后期降雨和灌溉对盐分淋洗能力增强有关。由于测点所在灌域观测后期降水明显偏大,40 cm 以上土壤盐分得到有效淋洗至初值以下,但 40 cm 以下土壤盐分则明显升高,表明表层盐分随降水和灌溉下渗至土壤深层。此外,由于监测点地下水位较高(1.0~1.5 m),随着降水增加地下水埋深进一步减小,土壤下层受到地下水的影响增加,加大了下层盐分含量。

如图 3-3 所示,土壤含水量变化随降水和灌溉呈波动变化。在观测期初,因春灌土壤含水量达到最大值,此后因降水减少土壤含水量不断降低。随着灌溉后期降水量的增加,土壤含水量不断升高,灌溉期结束之后含水量再次下降。从不同深度看,土壤含水量表现出随深度增加而不断增大的变化,0~20 cm 土壤因与大气接触,受外界环境影响最为严重,含水量最低,其余各层随深度增加受地下水影响增大,含水量不断升高。

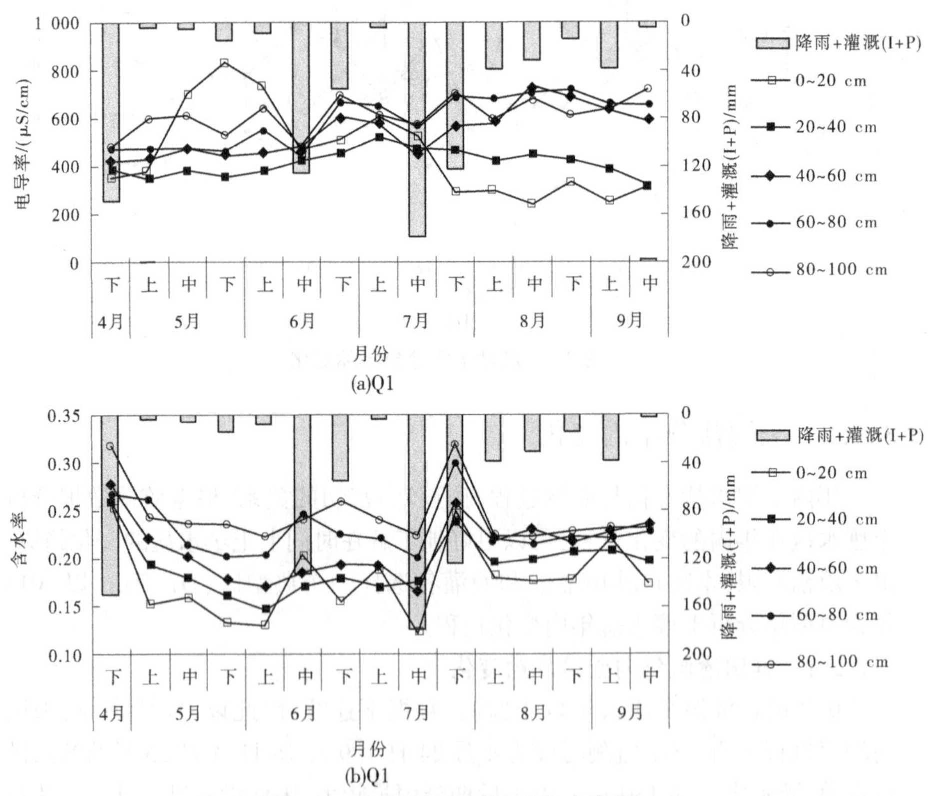

图 3-3　畦田灌溉土壤水盐年内变化

3.1.2.2 滴灌年内土壤水盐变化

滴灌各层土壤含水量与盐分年内变化如图 3-4 所示。D1 观测从 6 月 15 日至 11 月 4 日,灌溉期为 6 月 15 日至 8 月 24 日,约每 10 d 灌溉一次,灌水定额约为 30 mm;10 月 8 日观测区秋浇,秋浇定额约 150 mm。

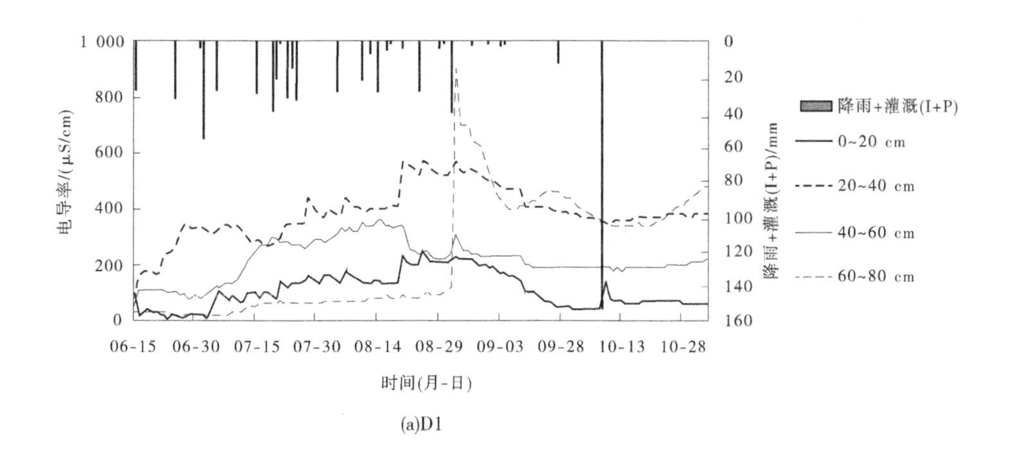

(a)D1

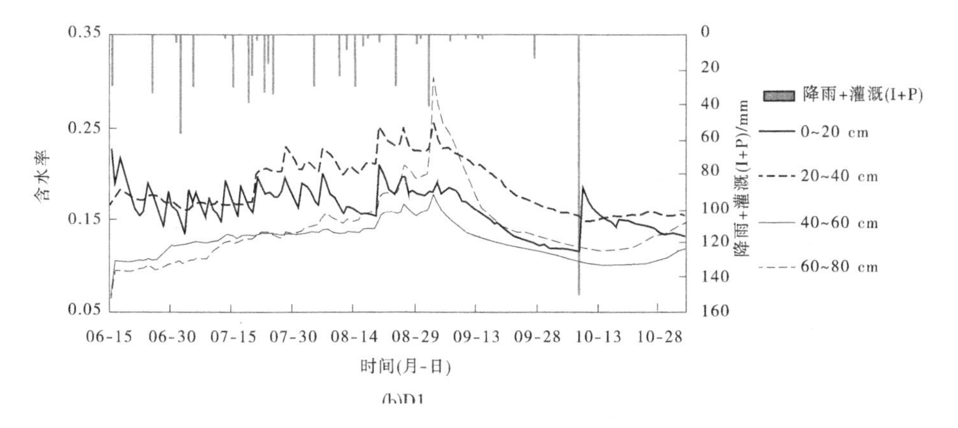

(b)D1

图 3-4 滴灌土壤水盐年内变化

在灌溉期内,D1 各层土壤盐分表现出升高趋势,特别是 20~40 cm 土壤在灌溉期内土壤盐分升高明显达到各层中的最大值。在 9 月初由于经历了较大降水和随后的秋浇,60 cm 以上各层土壤盐分逐渐降低,0~20 cm 土壤盐分回落至初期水平。60~80 cm 土壤盐分在 9 月后快速升高,主要与较大降水和后期灌溉将土壤盐分淋洗至深层有关。

土壤含水量与降水和灌溉过程表现出同步协调的波动。灌溉期结束后,土壤含水量开始缓慢降低,秋浇后土壤含水量再次升高。从不同土层来看,40 cm 以上土壤含水量波动最为明显,表明滴灌的土壤湿润深度在 40 cm 左右。各层土壤中,20~40 cm 土壤含水量高于 0~20 cm,主要与表层土壤受到蒸散发作用更为强烈有关。结合土壤盐分变化可见,含水量较大的 20~40 cm 也是含盐量较高的土层,表明在浅层存在土壤盐分累积现象。

3.1.2.3　喷灌年内土壤盐分变化

喷灌采用调查法对土壤盐渍化进行取样监测,喷灌及对照试验土壤盐分年内变化如图 3-5 所示。P1~P3 土壤 0~20 cm 土壤盐分在生育期内持续减小,表明喷灌对表层盐分的淋洗作用明显。60 cm 以下土壤盐分基本维持稳定,波动幅度较小,表明喷灌对中层以下土壤的影响有限。三个调查点中,P2、P3 两个点的 20~40 cm 土层盐分高于表层,且波动相对剧烈,推测这与喷灌形成的浅层积盐有关。

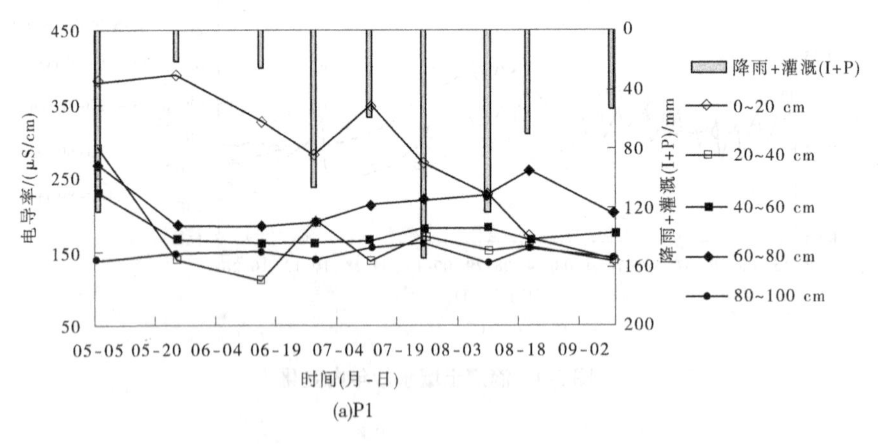

(a)P1

图 3-5　喷灌及对照土壤盐分年内变化

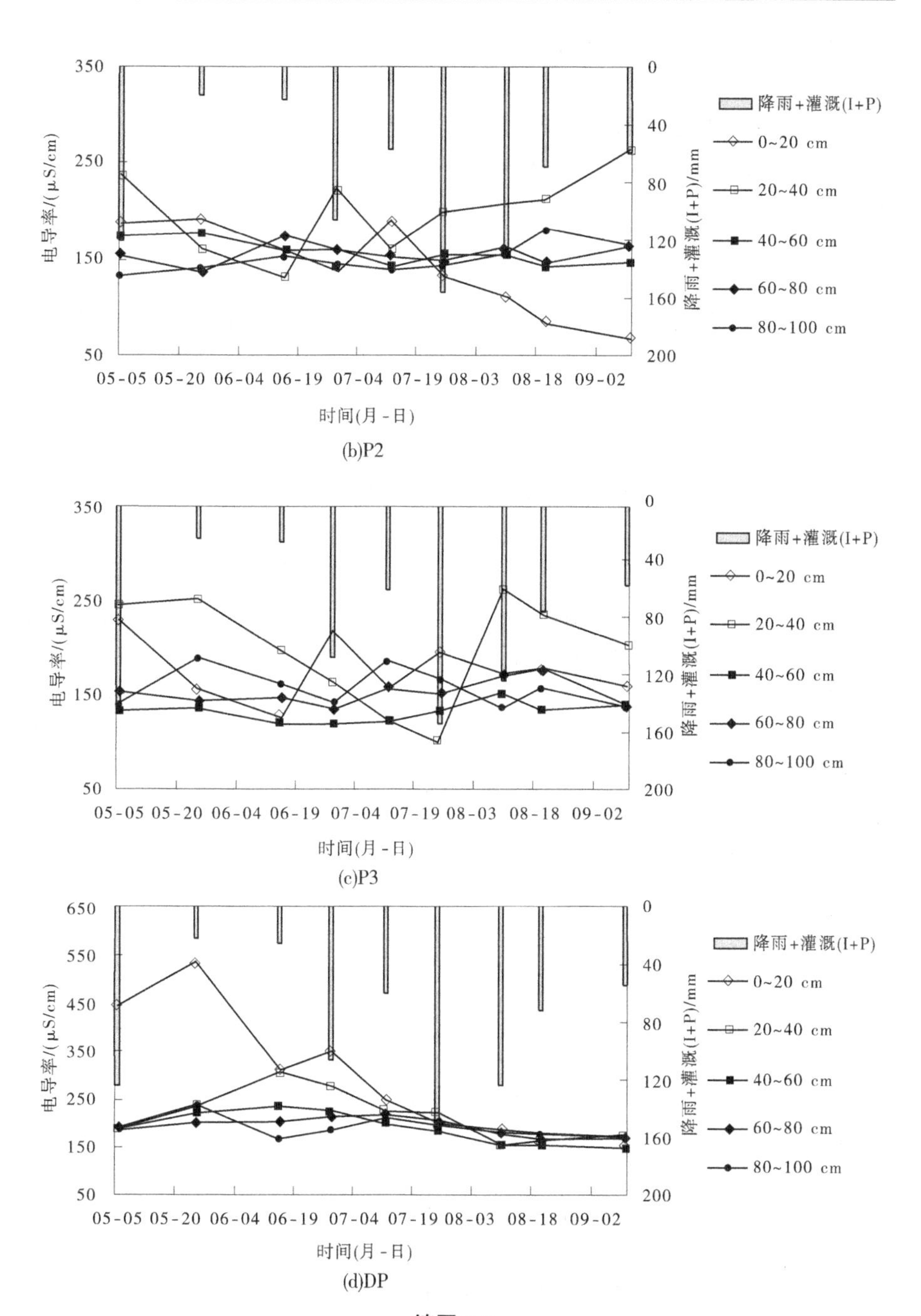

(b)P2

(c)P3

(d)DP

续图 3-5

与周边井灌 DP 对比来看,井灌表层土壤盐分明显高于其他层,这与渠灌灌水间隔较长,土壤盐分在灌溉间隙积累有关。喷灌处理土壤盐分总体没有明显升高,除了 P1 外,P2、P3 表层土壤盐分均较低,这与喷灌频率较高土壤盐分在地表更易控制有关。总体来看,随着喷灌年限的增加,20~40 cm 土壤盐分有升高趋势,但与 DP 相比盐分总体差异不大,这与该区域地下水埋深较大(H>5 m),砂质土壤透水性较高有关。

3.2　不同灌溉方式下土壤水盐垂向迁移规律

3.2.1　畦田灌溉土壤盐分垂向运动

图 3-6 给出了生育期内畦田灌溉下不同观测点土壤电导率的垂向分布,图中土壤电导率为每月最后一旬的均值。不同观测点 0~20 cm 土壤盐分均在 5 月达到最大,这与该时段气候干燥、蒸散强烈的实际情况一致,随后电导率逐渐降低,观测期末表层脱盐。Q1 地下水埋深 1.0~1.5 m,20~100 cm 土壤电导率值随时间持续升高,与 4 月下旬初始值相比 0~20 cm、0~100 cm 土壤电导率值相对变化量为-9.4%和 23.1%,土壤表现出表层脱盐、下层积盐现象。Q2、Q3 电导率值在 5 月达到峰值后持续减小,观测期末全剖面脱盐,其中 Q2 在 8 月后电导率低于初始值,Q3 在 7 月末即降至初始值以下,两组 0~100 cm 土壤盐分变化率分别为-29.1%和-35.4%。

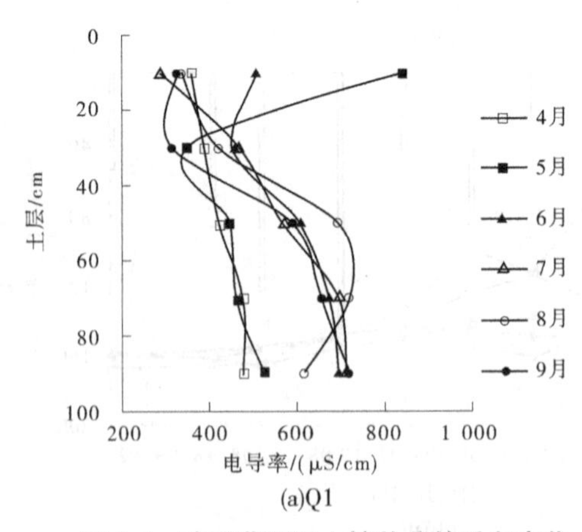

(a)Q1

图 3-6　畦田灌溉下土壤盐分的垂向变化

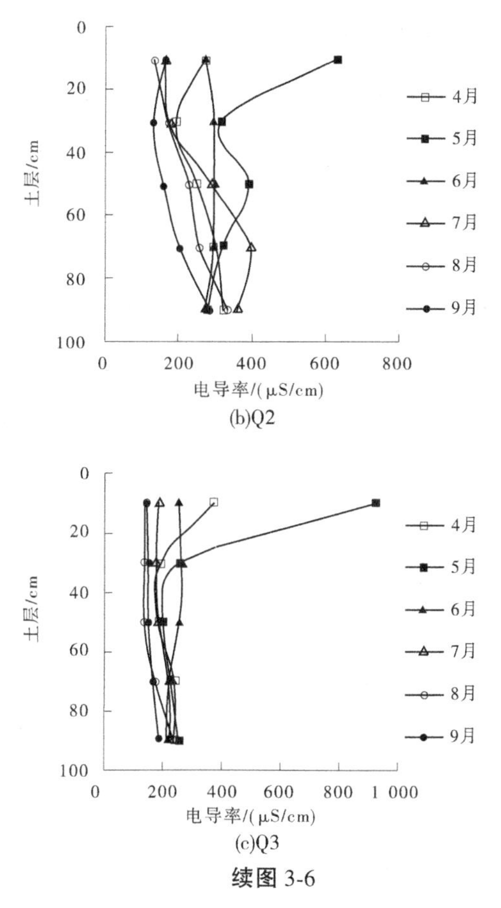

(b)Q2

(c)Q3

续图 3-6

不同观测点的土壤盐分变化如表 3-1 所示。4—9 月观测区地下水位普遍上升，升幅为 0.02~0.55 m。埋深>1.5 m 时，Q2、Q3 0~100 cm 土壤处于脱盐状态，脱盐率随埋深增加而增大；埋深>2.5 m 的 Q3 盐分相对变化达-35.4%。当埋深<1.5 m 时，Q1 点 0~100 cm 土壤处于积盐状态，盐分相对变化率为+23.1%。

表 3-1　不同时段 0~100 cm 土壤盐分及地下水埋深的变化率

分组	项目	4 月 24 日至 9 月 18 日			7 月 20 日至 9 月 18 日		
		初始值	终值	变化率/%	初始值	终值	变化率/%
Q1	电导率/(μS/cm)	423.5	521.5	+23.1	517.2	521.5	+0.8
	地下水埋深/m	1.2	1.18	-4.5	1.59	1.18	-26.1

续表 3-1

分组	项目	4 月 24 日至 9 月 18 日			7 月 20 日至 9 月 18 日		
		初始值	终值	变化率/%	初始值	终值	变化率/%
Q2	电导率/(μS/cm)	266.9	189.3	-29.1	320.1	189.3	-69.1
	地下水埋深/m	1.76	1.53	-13.0	1.86	1.53	-17.7
Q3	电导率/(μS/cm)	245.2	158.3	-35.4	199.4	158.3	-47.6
	地下水埋深/m	2.94	2.39	-18.7	3.36	2.39	-28.8

注:相对变化率"+"表示盐分增加,"-"表示盐分减少。

为减少灌溉的影响,选择 7 月 20 日至 9 月 18 日做进一步比较,该时段观测区降水 282.2 mm 且均未灌溉。由表 3-1 可见,同等降水下各点地下水位均明显上升,升幅 0.25~0.97 m。Q3 土壤盐分变化率为-28.8%,Q1 土壤电导率相对变化率为+0.8%。综上所述,地下水对土壤盐分变化影响明显,畦田灌溉下,埋深越大盐分淋洗效率越高,>1.5 m 可保证生育期内盐分处于淋洗状态,埋深<1.5 m 时丰水年或较大灌溉后土壤可能表现出盐分累积。

3.2.2 滴灌土壤盐分垂向运动

不同阶段滴灌及对照渠灌(DD,设置在 D1 处)土壤电导率垂向变化如图 3-7 所示。不同时间阶段 D1、D2 土壤盐分的垂向分布形态基本一致。其中 D1 在灌溉期内的各层盐分先升高,至 8 月底达到最大后降低,9、10 月降水及秋浇后,土壤盐分继续降低,其中 60~80 cm 因淋洗作用导致土壤盐分大幅升高,表层盐分降低到灌溉前水平。D2 初期表层土壤含盐量较高,随着灌溉的进行,0~20 cm 土壤盐分有所降低,60~100 cm 土壤盐分变化不明显,其余各层有所增加。不同观测点 20~40 cm 土壤盐分在灌溉期内有较大幅度的增长,表明滴灌由于湿润深度有限,土壤盐分被淋洗到下层,进而在次表层累积。

与滴灌不同,对照渠灌 DD 土壤盐分在生育期内表现出脱盐变化,土壤盐分在 5 月达到最大,此后盐分不断降低。60 cm 以上土壤盐分随时间推移逐渐降低,底层盐分总体较大且先降后升。这一差异与畦田灌溉土壤淋洗充分、盐分向下运动趋势明显有关,因此脱盐更加彻底。

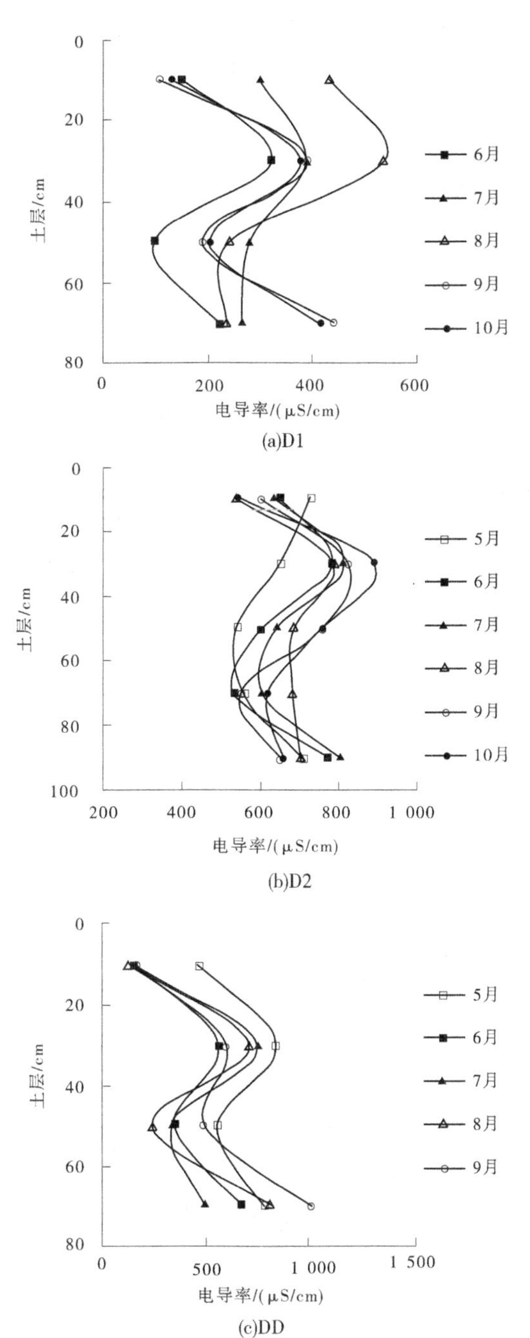

图 3-7 滴灌及对照土壤盐分的垂向变化

从整个生育期来看,6—10 月 D1 0～100 cm 土壤盐分相对变化率为+97.8%,盐分升高明显,表层盐分相对变化率为-16.9%;20～60 cm 变化率为+93.4%,出现表层盐分降低、下层积盐现象。需要说明的是,D1 土壤盐分相对升高率较高主要与前期土壤含盐量较低有关,到 10 月末电导率均值为 282 μS/cm,低于轻度盐渍化水平。但从长期来看,若按照此增长趋势发展下去则可能形成土壤盐渍化。5—9 月 D2 0～100 cm 土壤盐分相对变化率为+17.8%,与 D1 相比增长相对较低,其中 0～20 cm 土壤盐分相对变化率为-35.2%,20～60 cm 土壤盐分相对变化率为+58.5%,土壤盐分仍表现为表层脱盐、下层积盐变化。DD 0～100 cm 土壤盐分变化率为-14.1%,0～20 cm 土壤盐分相对变化率为-64.4%,20～60 cm 土壤盐分相对变化率为-35.2%,较大灌溉水量的脱盐效果明显好于滴灌处理。

项目实施期内除连续监测的滴灌点外,还分别对恩格贝、树林召和巴拉亥三个灌域中一个点进行了滴灌,通过对上述区域滴灌点的巡测采样得到不同滴灌点的土壤盐分变化结果如图 3-8 所示。各点滴灌区域均表现出 60 cm 以上浅层土壤盐分波动剧烈,向土壤深层逐渐减弱的规律。3 个点位中恩格贝、巴拉亥两灌域仍表现出 60 cm 以上浅层积盐、且 20～40 cm 土壤盐分大于 0～20 cm 的现象,表明滴灌后土壤确实存在浅层反盐的可能。

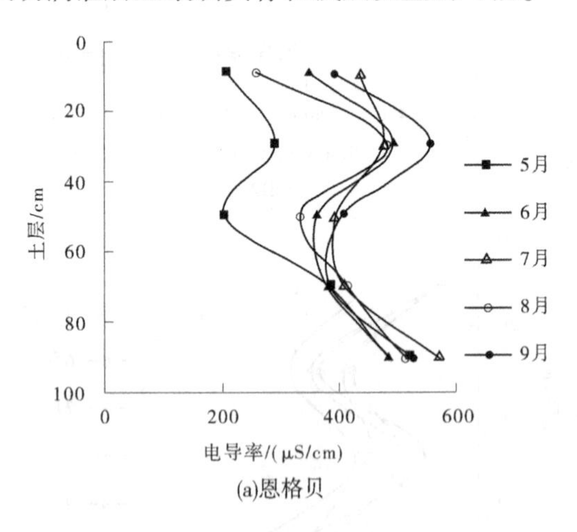

(a)恩格贝

图 3-8　巡测不同灌域滴灌下土壤盐分变化

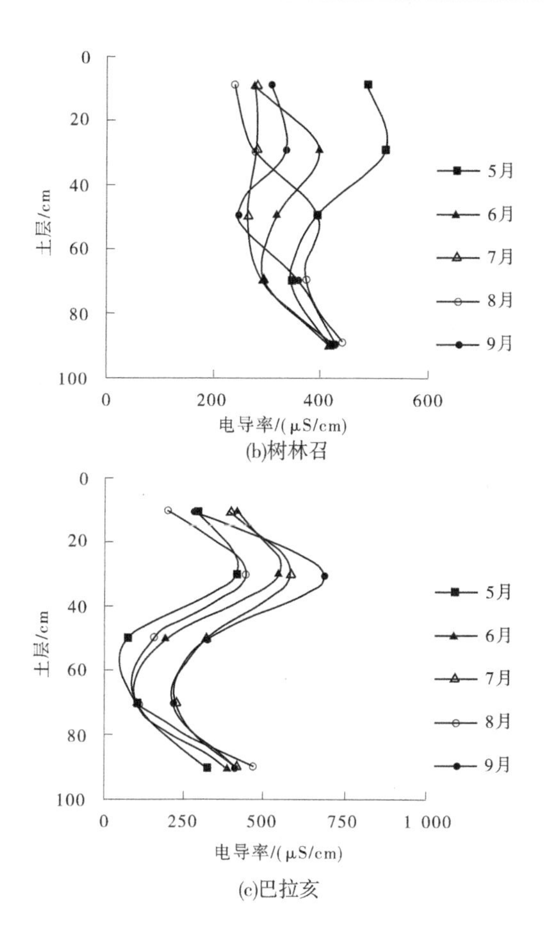

(b)树林召

(c)巴拉亥

续图 3-8

计算监测到的 5 个点的土壤盐分相对变化如表 3-2 所示。根据计算结果,0~20 cm 土壤盐分相对变化率为-36.3%~+86.6%,20~60 cm 土壤盐分相对变化率为-36.7%~+106.1%,0~100 cm 土壤盐分相对变化率为-22.6%~+97.8%。除树林召一个点外,其余全部积盐。推测树林召脱盐的原因与其播种作物为饲料玉米有关,因饲料玉米没有采用水肥一体化浇灌,所以盐分总体偏低。

表 3-2　滴灌土壤盐分相对变化率

监测点	相对变化率/%		
	0~20 cm	20~60 cm	0~100 cm
D1	-16.9	+93.4	+97.8
D2	-35.2	+58.5	+17.8
恩格贝	+86.6	+95.5	+44.1
树林召	-36.3	-36.7	-22.6
巴拉亥	-5.5	+106.1	+58.2

注:相对变化率"+"表示盐分增加,"-"表示盐分减少。

3.2.3　喷灌下土壤盐分垂向运动

喷灌调查点土壤盐分变化如图 3-9 所示。与周边井灌(DP)对比来看,喷灌与滴灌之间土壤盐分差异不明显,这与该地区土壤砂性明显、土壤透水性好、盐分不易累积有关。从电导率均值来看,各点相差不大,且均为超过轻度盐渍化,表明喷灌实施后,土壤盐分总体变化不明显。但从盐分垂向分布的形态来看,喷灌 3 年的 P1 与 DP 差异不大,基本均为表聚型,表明土壤盐分依然存在向上聚集的趋势。喷灌 5 年、10 年后,P2、P3 土壤盐分表现出表层减小,20~40 cm 盐分升高的现象。相较于 P1,P2、P3 0~20 cm 土壤盐分分别降低了 50.4%和 36.8%,20~40 cm 土壤盐分相对升高了 19.8%和 26.5%,表明喷灌存在土壤根层积盐的可能。

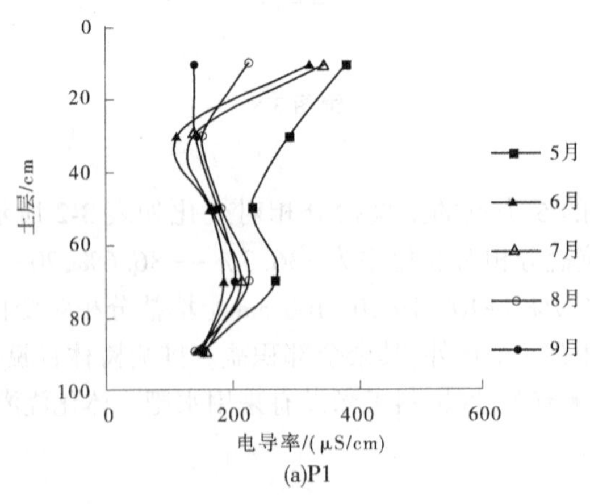

(a)P1

图 3-9　喷灌调查点土壤盐分变化

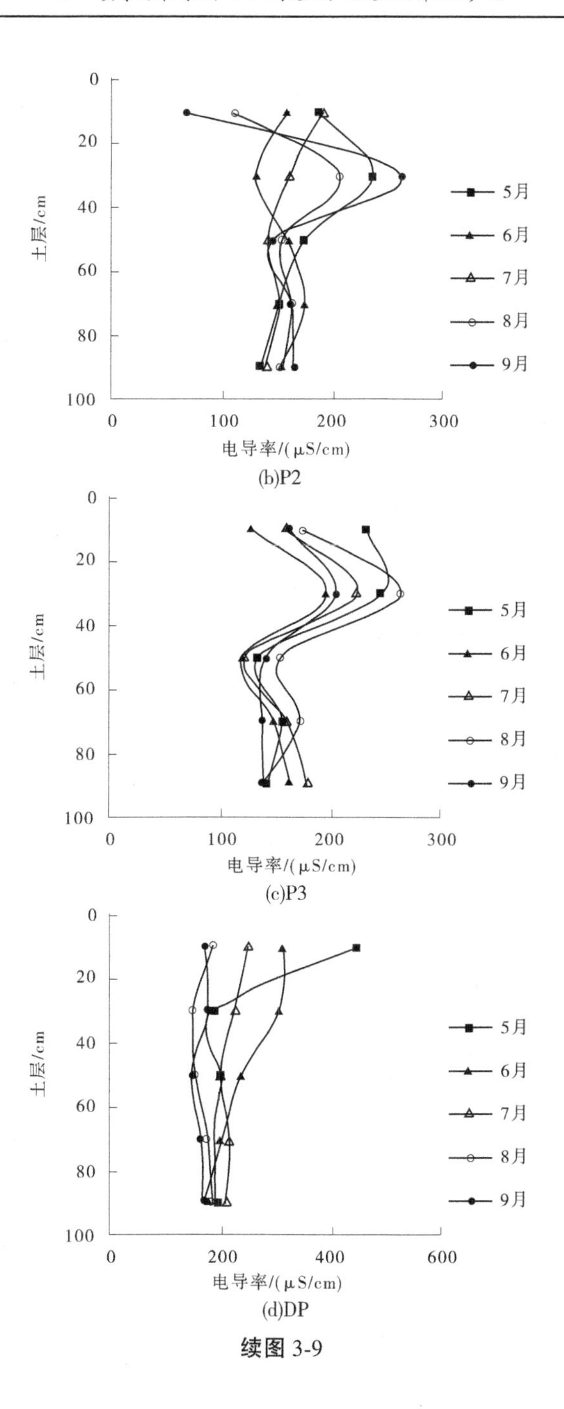

(b)P2

(c)P3

(d)DP

续图 3-9

3.3 不同灌溉方式对根层土壤盐分富集的影响

由于受到大气条件的影响，表层土壤极易发生盐分的累积，甚至形成地表盐结皮。而对于灌区来讲，大田作物的根层深度一般在 60 cm 以内，0~60 cm 土壤的水盐状况直接关系到作物根区的水盐环境条件，是影响作物生长的关键区。本次分析不同灌溉下土壤盐分在地表、根区的变化趋势，以期得到灌溉方式转变对土壤盐分运移的影响。

3.3.1 畦田灌溉下根层土壤盐分变化

表层盐分富集可将土壤盐分滞留在耕作层以内，从而影响农业生产。定义 0~20 cm 土层盐分与 0~100 cm 土壤盐分均值之比作为表聚系数 λ，以表征土壤表层盐分的富集程度。图 3-10 给出不同土层电导率 C、表聚系数和地下水埋深 H 随时间变化的过程。

如图 3-10 所示，λ 随土壤表层土壤含盐量的增加而增大，在 5 月下旬至 6 月上旬达到极值，表明该阶段盐分向上累积最为明显，随后随着灌溉和降水过程快速降低，到生育期末期 0~20 cm 土壤盐分降到最低值，λ 也随之降到最低。

从监测数据来看，不同点位根区(0~60 cm)的土壤盐分变化有所差别。Q2、Q3 因地下水埋深较大，整个生育期内根区表现出脱盐变化，盐分相对变化率为-36.0%和-41.3%，Q1 因地下水埋深较浅，根区土壤在整个生育期内表现出轻微积盐，盐分相对变化率为+5.57%。由于畦田灌溉水量相差不大，这一差异主要由地下水埋深差异所致，根区脱盐率随着地下水埋深的增加而增大。

3.3.2 滴灌下根层土壤盐分变化

南岸灌区水权转让二期工程建设滴灌面积约占比 22.3%，是除畦田改造外的最大的节水措施。滴灌对根区水盐环境具有较好的改善作用，但对耕层盐分的淋洗能力有限。近年来，针对滴灌与土壤水盐环境的研究较多，基本可以分为滴灌积盐和洗盐两种互相矛盾的结论。

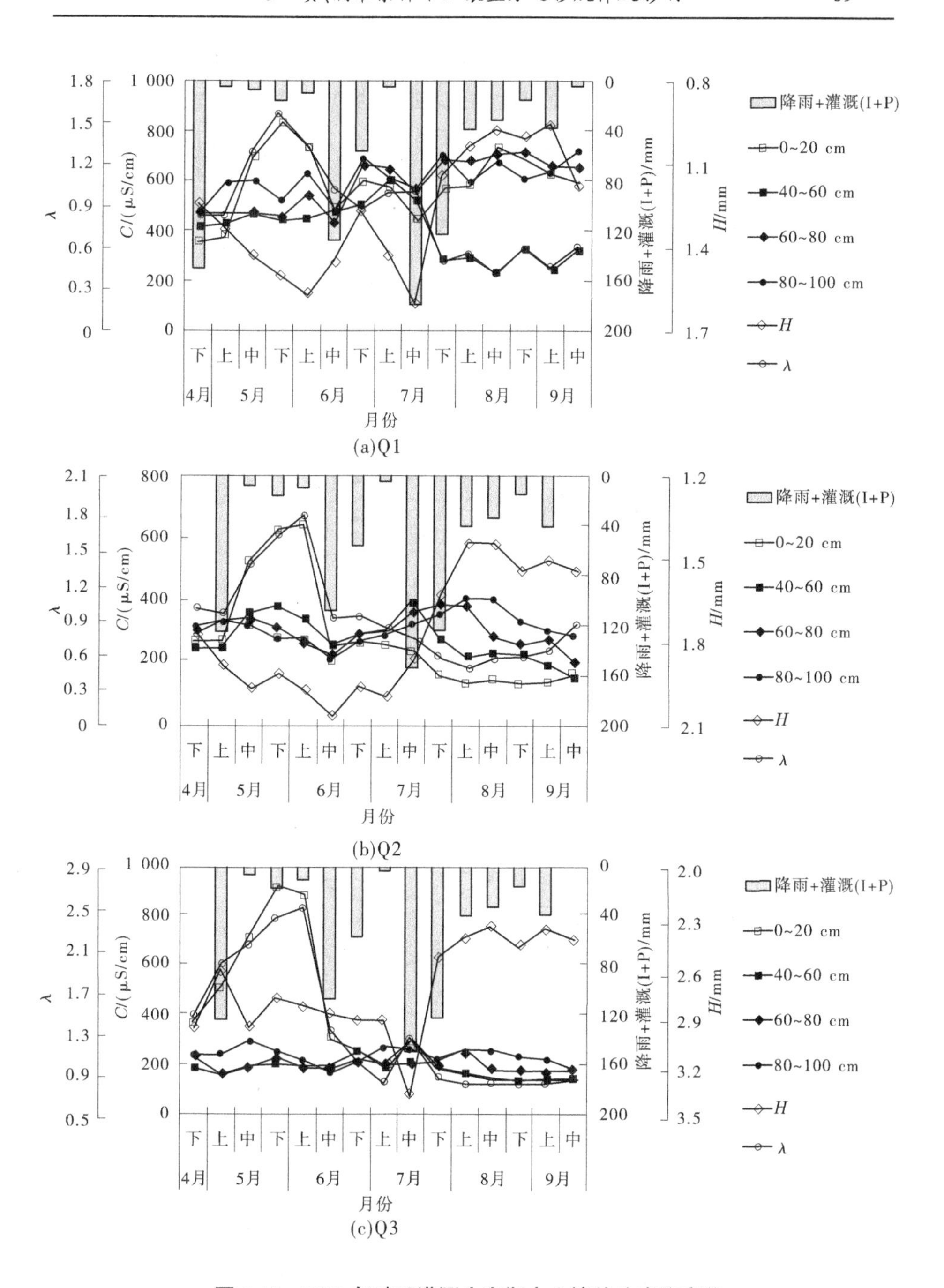

(a)Q1

(b)Q2

(c)Q3

图 3-10　2018 年畦田灌溉生育期内土壤盐分富集变化

本次监测的滴灌土壤盐分、表聚系数 λ1、λ2 随时间变化过程如图 3-11 所示。如前所述，随着观测期变化，D1、D2 表层土壤盐分均在生育后期降低至初期以下。其中 D2 表层土壤盐分在生育期内持续降低，D1 则在灌溉季节不断升高，随后在生育期末快速降低。λ1 随表层盐分表现出同步波动，D2 的 λ1 持续降低，表明表层盐分在耕作层占比降低，盐分在表层的富集能力下降；D1 的值则表现出先升后降的变化，但 λ1 除个别点位外，均在 1 以下，表明滴灌在控制地表盐分富集中的效果是比较显著的。

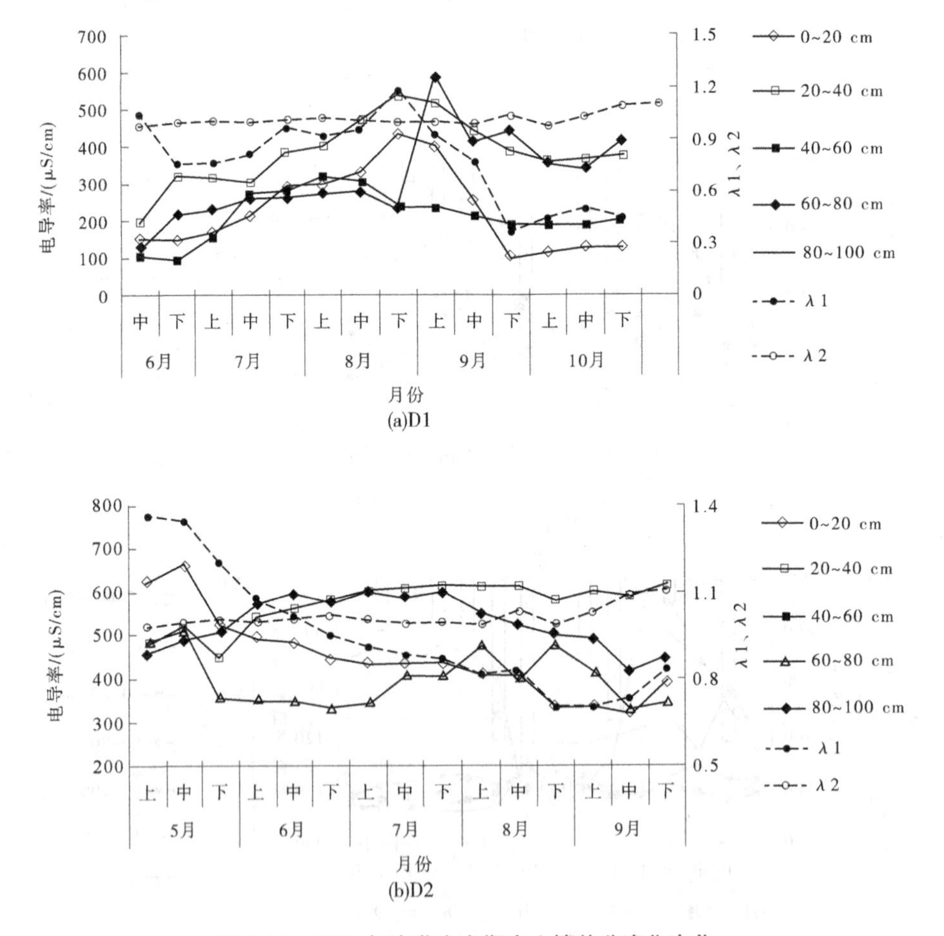

图 3-11　2018 年滴灌生育期内土壤盐分富集变化

与 λ1 降低趋势不同，D1 和 D2 两点 λ2 值均表现出缓慢的上升变化，表明 60 cm 以上土层含盐量在耕作层内所占比例在持续增加，也即 60 cm 以上的根区土壤盐分在生育期内表现出富集状态。从监测数据来看,整个生育期内D1、D2在0~60 cm根区表现出积盐变化,盐分相对变化率为+55.8%和+21.3%,而0~20 cm表层土壤则表现出脱盐变化,两点的相对变化率分别为-16.9%和-50.5%。

3.3.3 喷灌下根层土壤盐分变化

喷灌土壤盐分、表聚系数λ1、λ2随时间变化过程如图3-12所示。如前所述,随着观测期的变化,喷灌及周边对比观测点表层的土壤盐分均在生育后期降低至初期以下。其中P1和DP初值较高,后期盐分降低明显;喷灌执行年份较多后P2、P3的表层盐分变化程度逐渐减小。λ1随表层盐分表现出同步波动,P1~P3及DP λ1持续降低,表明表层盐分在耕作层占比降低,盐分在表层富集能力下降,表明喷灌在控制表层盐分上与畦田灌溉差异不大。

相较于λ1、λ2变化更加平缓,DP λ2在观测期内降低趋势明显,表明60 cm以上土壤盐分在耕作层占比逐渐降低。P1~P3 λ2值下降趋势随喷灌年限的增加而减缓,表明60 cm以上土层含盐量在耕作层内所占比例有所增加,60 cm以上的根区土壤盐分含量在不断增加。从监测数据来看,相较于P1,喷灌5年、10年后,P2、P3 0~20 cm土壤盐分分别降低了50.4%和36.8%,20~40 cm土壤盐分相对升高了19.8%和26.5%,表明喷灌在浅层有积盐趋势。

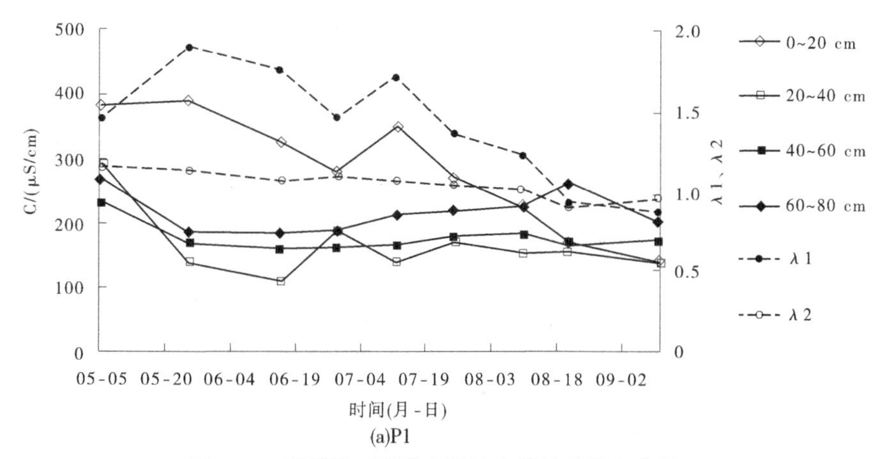

(a)P1

图3-12 喷灌及对照调查地块土壤盐分富集变化

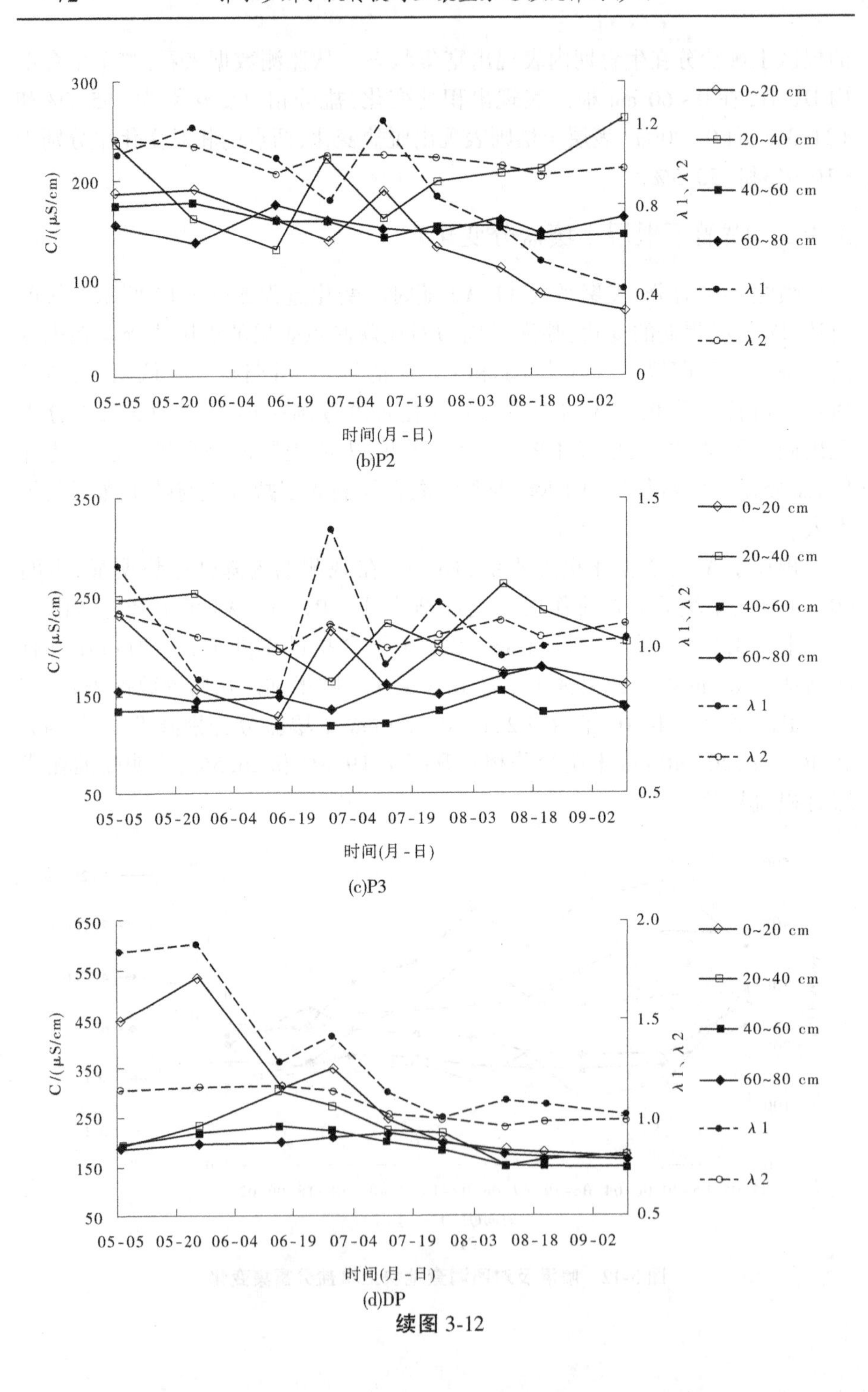

(b)P2

(c)P3

(d)DP

续图 3-12

3.4 本章小结

本章依据监测数据,重点分析了不同灌溉方式下土壤盐分在年内、年际的变化过程,分析了不同灌溉方式下土壤盐分的迁移规律和对根区富集的影响,得到的主要结论如下:

(1)土壤盐分在年际间呈现准周期变化,土壤含水量和盐分在年内表现出随降水和灌溉过程波动变化的趋势。滴灌由于灌溉频繁,在灌溉期内无明显的表层盐分剧烈增长变化,对表层控盐能力强于畦田灌溉。

(2)地下水不同埋深对畦田灌溉土壤盐分运动存在影响,土壤储盐量、贮水量与地下水埋深显著负相关,与地下水含盐量显著正相关。$H<1.5$ m 时,0~100 cm 土壤处于积盐状态,4—9 月盐分相对变化率为+23.1%;$H>1.5$ m 后,土壤处于脱盐状态,脱盐率随埋深增加而增大,埋深 $H>2.5$ m 盐分相对变化达-35.4%。$H>1.5$ m 后 Q2、Q3 0~60 cm 根区盐分相对变化率为-36.0%和-41.3%。

(3)滴灌表现出 0~20 cm 表层土壤脱盐和 0~60 cm 根层积盐变化。整个生育期内,D1、D2 在 0~60 cm 盐分相对变化率为+55.8%和+21.3%,而 0~20 cm 盐分相对变化率分别为-16.9%和-50.5%。

(4)喷灌表现出 0~20 cm 表层土壤脱盐和 20~40 cm 根层积盐变化。喷灌 3、5、10 年后,土壤盐分与畦田灌溉差异不大。喷灌 5、10 年后,0~20 cm 土壤盐分较喷灌 3 年分别降低了 50.4%和 36.8%,20~40 cm 土壤盐分相对升高了 19.8%和 26.5%,喷灌下在浅层土壤中有积盐趋势。

4 地下水不同埋深下喷、滴灌工程的适应性分析

鄂尔多斯水权转让通过农业节水满足工业用水需求，水权转让二期工程主要建设内容即田间节水技术的推广应用。与传统灌溉方式相比，主要在灌水量上存在差别，此外由于受到黄河水的侧向补给，灌区又属于典型的地下水潜埋干旱灌区，地下水和灌溉水量变化对土壤盐分运动存在明显影响。

4.1 地下水埋深对土壤盐分运动的影响

无论从第3章土壤盐分的空间分布还是本章前几章节的分析中都可以发现，地下水对土壤盐分存在比较明确的影响。而在前人研究的相关成果中，地下水对土壤盐分的作用也是研究的热点问题。本节基于监测数据对地下水与土壤盐分变化的影响进行分析，由于D1、D2两个滴灌点的地下水埋深（H）差异不大，因此重点采用畦田灌溉的监测数据进行分析。

4.1.1 地下水埋深及电导率的年内变化

南岸灌区地下水埋深呈“降水-蒸发型”的波动变化，如图4-1所示。初期因冻融和春灌等作用，地下水位较高，春季区域内蒸发强烈，地下水埋深不断降低，至7、8月雨季到来，灌溉水量也不断加大，H再次减小，地下水位升高。尽管Q1、Q2、Q3的H水平不同，但均表现出较为类似的变化，区域地下水受到降水和灌溉补给明显，水位上升范围达到0.3~0.6 m。

地下水EC值随地下水波动无明显的统一规律，如图4-2所示，整个观测期内EC值变化幅度在±180~±300 μS/cm，相对变化率为±15%~±17%。结合变化范围和波动情况来看，地下水盐分主要来源应为土壤母质，与灌溉过程的相关性不大。从不同的测点来看，埋深较小的Q1地下水EC最高，均值为1 850.3 μS/cm，其次为Q3的1 331.9 μS/cm，最低为Q2的1 016.6 μS/cm。

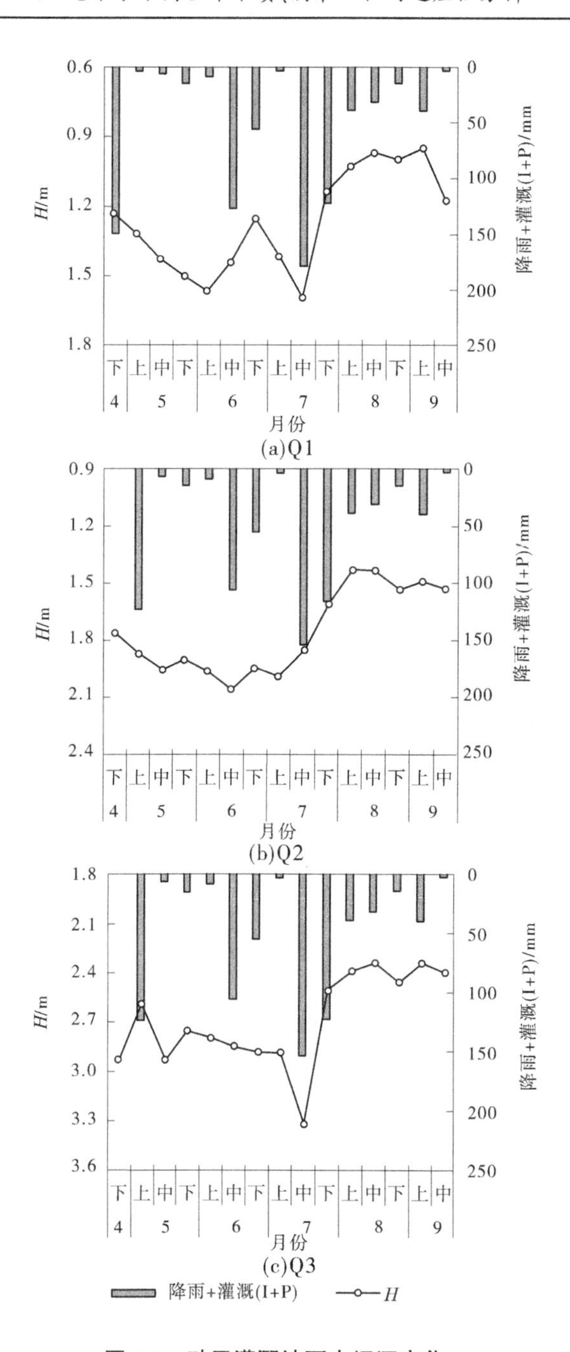

图 4-1 畦田灌溉地下水埋深变化

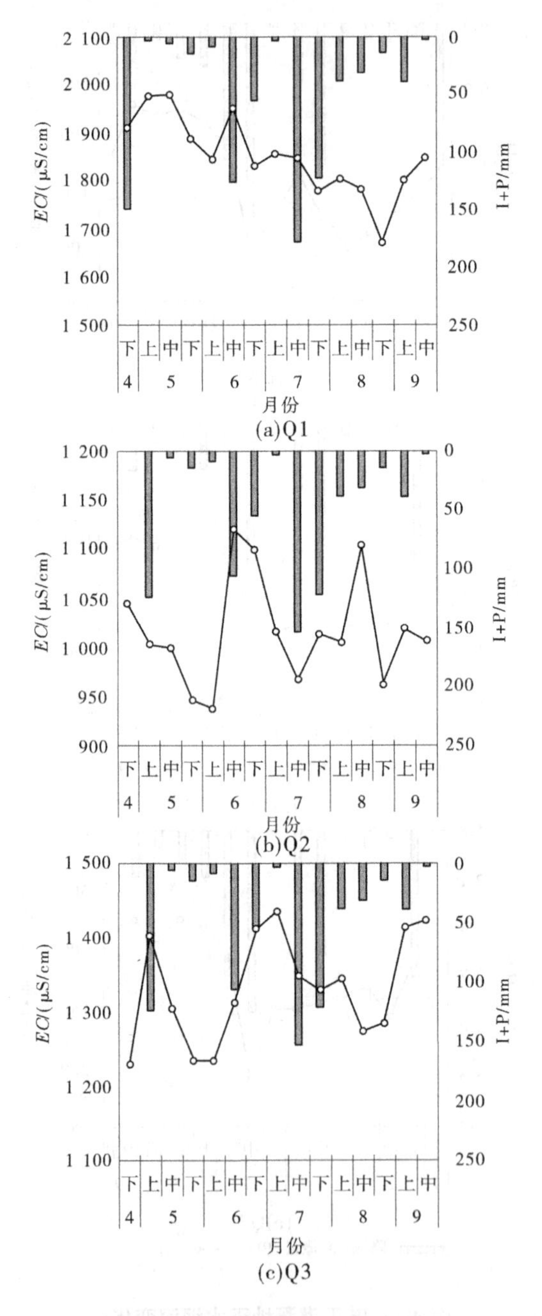

(a)Q1

(b)Q2

(c)Q3

图 4-2　畦田灌溉地下水电导率变化

4.1.2　地下水埋深与土壤水、盐的响应关系

土壤盐分变化受地下水的影响明显，分析不同深度土层土壤盐分随地下水埋深的变化，如图 4-3 所示（图中不同形状代表不同采样点）。总体而言，随着地下水埋深的加大，地下水对土壤作用逐渐减弱，土壤含盐量呈逐渐减小的趋势。从不同土层来看，地下水与土壤盐分之间的关系随土层深度增加而趋于明显。80～100 cm 土壤 *EC* 与 *H* 响应明显，当 *H*<1.5 m 时，*EC* 随 *H* 的增加而快速下降；*H*>2.0 m 时 *EC* 值基本维持稳定，地下水对其影响趋于消失。与 80～100 cm 不同，0～20 cm 土壤 *EC* 值变异性较强，与 *H* 响应不明显，表明地下水不是表层土壤盐分的主导影响因子。40～60 cm 土壤 *EC* 值与 *H* 表现出负相关性，明显强于表层但弱于底层。

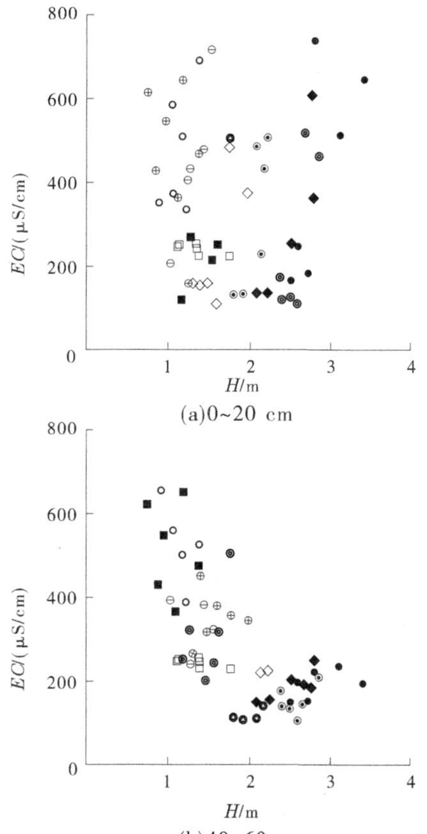

图 4-3　畦田灌溉下地下水埋深与不同土壤含盐量关系

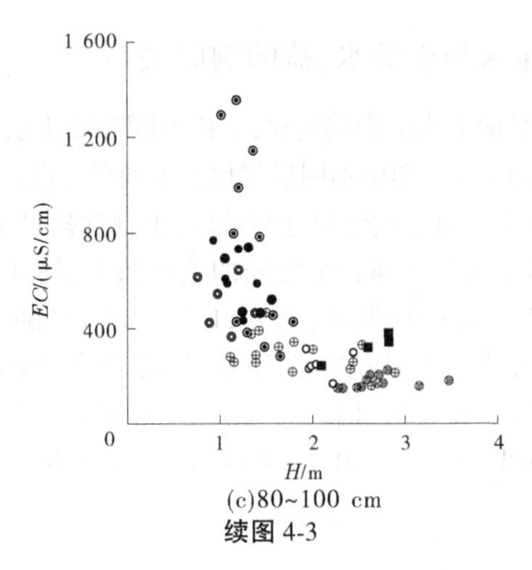

(c)80~100 cm

续图 4-3

从第 3 章的分析中得出,60 cm 以上土壤盐分的空间分布与地下水埋深显著负相关,与土壤 *EC* 值显著正相关。但从本节分析来看,*H* 与 *EC* 的关系显著,但土壤 *EC* 值与地下水 *EC* 值的变化并无明显的相关性。可见地下水 *EC* 值决定了上层土壤的盐分含量,但对其变化无明显的响应。

地下水不仅对土壤盐分存在影响,对其水分条件也作用明显。采用 0~100 cm 土壤贮水量、储盐量表达土壤水盐变化形态,两者计算公式如下:

$$S = \sum \theta \cdot h \tag{4-1}$$

$$S_s = \sum c \cdot h \cdot \rho_b / 1\ 000 \tag{4-2}$$

式中:S 为深度为 100 cm 单位土柱的土壤贮水量,mm;θ 为各层土壤体积含水率,$\theta = \theta_c / \rho_b$,$\theta_c$ 为各层质量含水量;ρ_b 为各层土壤容重,g/cm^3;h 为各层土壤厚度,cm;S_s 为单位面积 100 cm 土壤累积含盐量,kg/m^3;c 为各层土壤含盐量,g/kg,根据实测电导率换算求得。

图 4-4 给出了不同时段 S 和 S_s 与 H 之间的变化关系。如图 4-4 所示,土壤水盐含量与 H 之间响应关系明显,两者均随着 H 的增加而逐渐降低,表现出幂指数关系。由于观测后期地下水位显著,土壤水盐储量与地下水埋深间的相关性越来越高,8—9 月 S-H 的决定系数由 4—5 月的 0. 62 提高到 0. 88,而 S_s-H 决定系数则由 0. 52 提高到 0. 88,表明地下水埋深越浅,对土壤水盐的影响越明显。

4. 1. 3　地下水埋深对土壤脱盐能力的影响

地下水不但影响上层土壤盐分,还对土壤盐分的变化产生作用。以畦田

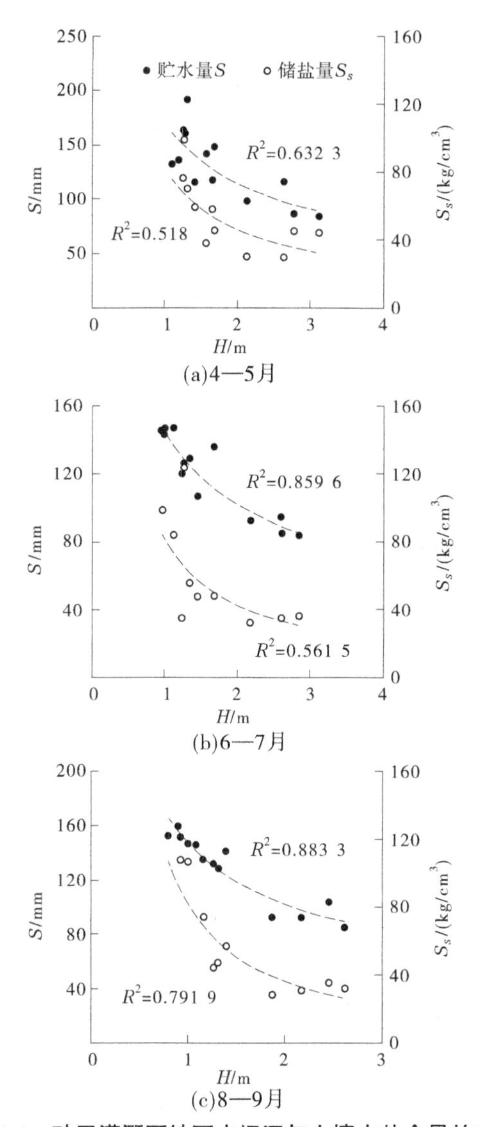

图 4-4 畦田灌溉下地下水埋深与土壤水盐含量的关系

灌溉为例,计算逐月 0~20 cm 及 0~100 cm 土壤盐分的相对变化率,如表 4-1 所示。整个观测期内(4—9 月)Q1、Q2、Q3 的 0~100 cm 土壤盐分相对变化率分别为+23.1%、-29.1%和-35.4%,表明随地下水埋深的增加,土壤由积盐转变为脱盐。逐月来看,4—5 月各监测点土壤盐分均表现为积盐,表层积盐率远高于整个耕作层，土壤盐分存在表层富集现象。5 月以后，$H>1.5$ m 的 Q2、Q3 均转为脱盐状态，而 $H=1.0\sim1.5$ m 的 Q1 除了 6—7 月全深度脱盐外，其余均为缓慢积盐状态。而没有灌溉只有降水的 7 月 20 日至 9 月 18 日内 Q3 土壤盐分变化率为-28.8%，Q1 土壤电导率相对变化率为+0.8%。综上所述，地下水对土壤盐分变化影响明显，畦田灌溉下，埋深越大盐分淋洗效率越高，$H>1.5$ m 可保证生育期内盐分处于淋洗状态，$H<1.5$ m 时丰水年或较大灌溉后土壤可能表现出盐分累积。

表 4-1　不同时段土壤 *EC* 的相对变化率　　单位：%

分组	项目	4—5 月	5—6 月	6—7 月	7—8 月	7—9 月	4—9 月
Q1	0~20 cm	+133.3	-38.7	-44.1	+16.9	-38.4	-9.4
	0~100 cm	+24.0	+11.8	-7.3	+1.94	+0.8	+23.1
Q2	0~20 cm	+131.0	-56.8	-40.1	-17.0	-39.0	-31.1
	0~100 cm	+44.4	-25.9	-3.6	-18.0	-40.8	-29.1
Q3	0~20 cm	+147.5	-72.3	-28.2	-24.5	-61.7	-52.8
	0~100 cm	+52.0	-35.3	-17.7	-17.0	-47.6	-35.4

注：相对变化率“+”表示盐分增加，“-”表示盐分减少。

4.1.4　地下水不同埋深对土壤盐分的影响

从前述分析可知，地下水对 0~100 cm 土壤水、盐分和表层盐分累积存在明显影响。采用相关分析法研究地下水埋深条件与土壤盐分含量 S_s 和贮水量 S 之间的关系，如表 4-2 所示。H 与 S_s、S、W_s 等均达到极显著相关级别，表明 0~100 cm 土壤盐分含量、贮水量随地下水含盐量和水位的升高而升高。

表 4-2　耕作区（$H>1.5$ m）土壤水盐及地下水相关性分析

项目	埋深（H）	储盐量（S_s）	贮水量（S）	地下水含盐量（W_s）
地下水埋深（H）	1			
储盐量（S_s）	-0.585**	1		
贮水量（S）	-0.727**	0.475**	1	
地下水含盐量（W_s）	-0.304*	0.317**	0.289*	1

注：“*”表示在 0.05 级别（双尾）相关性显著；“**”表示在 0.01 级别（双尾）相关性显著。

4.2 地下水不同埋深下土柱灌溉试验

由于灌区没有固定的试验站点,田间监测必须随农户用水习惯进行,难以控制边界条件。为了更好地比较不同灌水和地下水埋深对土壤盐分运动的影响,本次布置了土柱观测试验。

4.2.1 不同灌溉水量下土壤盐分变化

结合土柱试验监测情况,分析不同地下水埋深和灌溉定额条件下土壤盐分运动情况,因篇幅所限,只给出当 $H>0.7$ m 时的 4 种情况。

低定额灌溉下不同地下水埋深盐分变化情况如图 4-5 所示。L-2.2 和 L-1.7 在整个观测期内各层土壤盐分总体表现出下降趋势。在 7 月中旬之前,80 cm 以上土壤存在盐分升高变化,这与观测初期气候干燥、蒸发剧烈有关,也与低定额灌溉淋洗深度较小、土壤盐分向下层淋洗有关。7 月中旬以后当地降水增加,此后各层土壤盐分均出现不同程度的降低,这种下降趋势一直延续至观测期末。

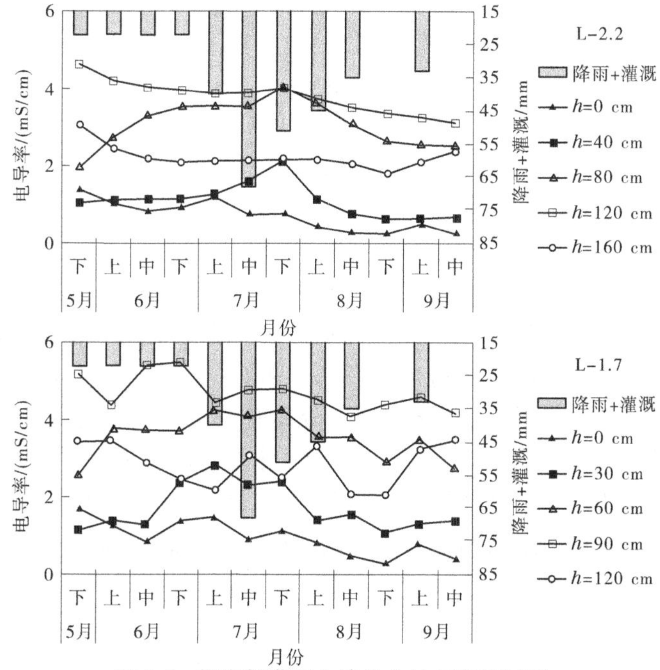

图 4-5 低定额灌溉土壤盐分的旬变化过程

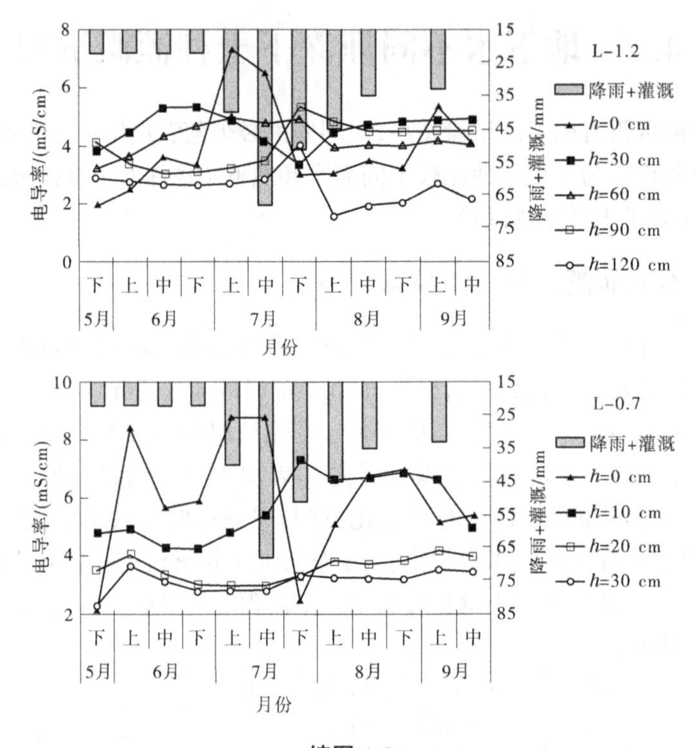

续图 4-5

随着地下水埋深的减小,土壤盐分总体呈现明显的升高变化,表层和第 2 层升高尤为明显,土壤盐分表现出根区富集现象。当 $H<1.2$ m 时,表层土壤盐分变化程度明显加剧,灌溉对盐分淋洗作用难以抵消土壤盐分的累积趋势。H-1.2、H-0.7 和 H-0.5 的表层土壤盐分均高于中下层,盐分表聚明显。

中定额灌溉条件下,不同地下水埋深土壤盐分变化过程如图 4-6 所示。其中 M-2.2、M-1.7 的变化趋势与 L-2.2 和 L-1.7 基本一致,表现出在观测期内缓慢降低的变化趋势,各层土壤盐分没有明显的交叉现象。随着地下水埋深的减小(M-1.2、M-0.7、M-0.5),地下水对耕作层土壤的影响加大,表层土壤盐分逐渐升高至各层土壤盐分的最高值,地表盐分累积明显,土壤盐渍化严重,灌溉及降水对盐分淋洗作用已无法缓解土壤盐碱化趋势。

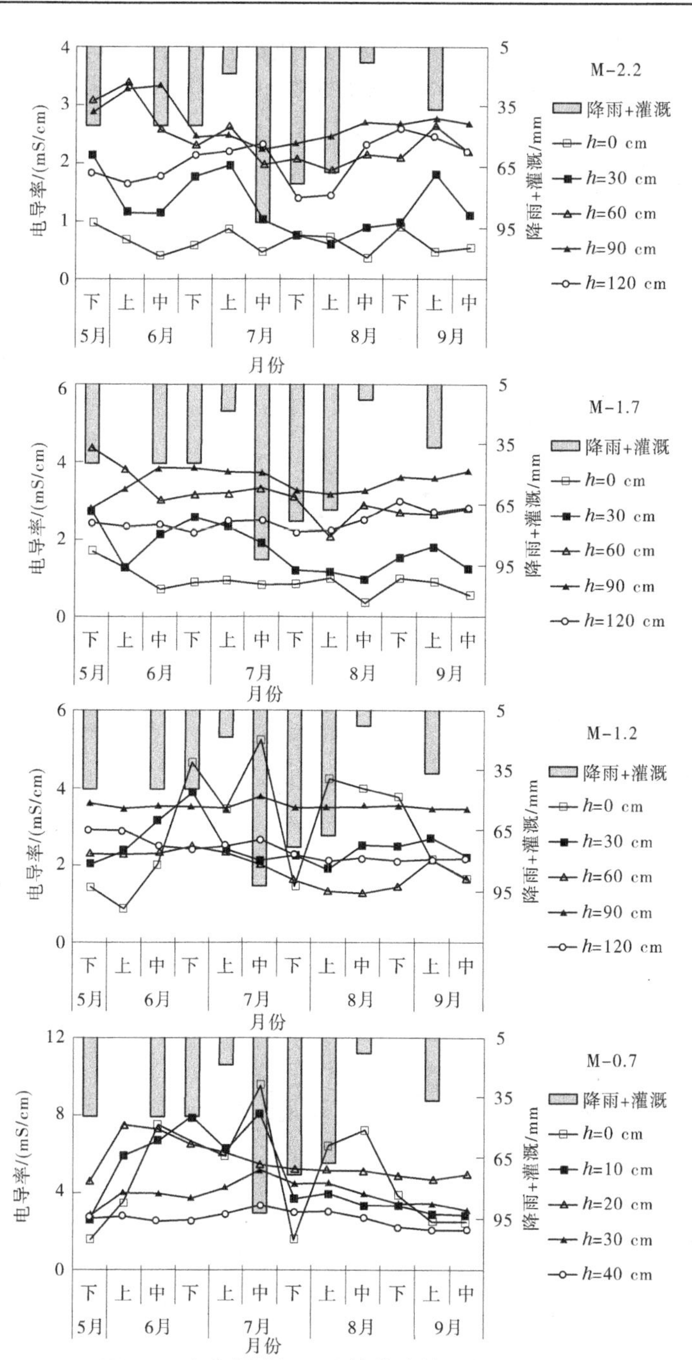

图 4-6 中定额灌溉下土壤盐分的旬变化过程

从高定额灌溉下不同地下水埋深的土壤盐分运动来看(见图4-7),高定额灌溉下各土层土壤盐分均表现出较明显的降低趋势,且由于灌溉间隔较长,土壤盐分表现出明显的随灌溉的波动趋势。H-2.2、H-1.7在整个观测期内土壤盐分均维持在1 ms/cm以下的较低水平,表明土壤表层洗盐效果明显。随着地下水埋深的减小,各处理土壤盐分也表现出不断的升高趋势,但浅层土壤盐分没有明显高于其他土层,表明较大定额灌溉在土壤盐分淋洗过程中作用明显。

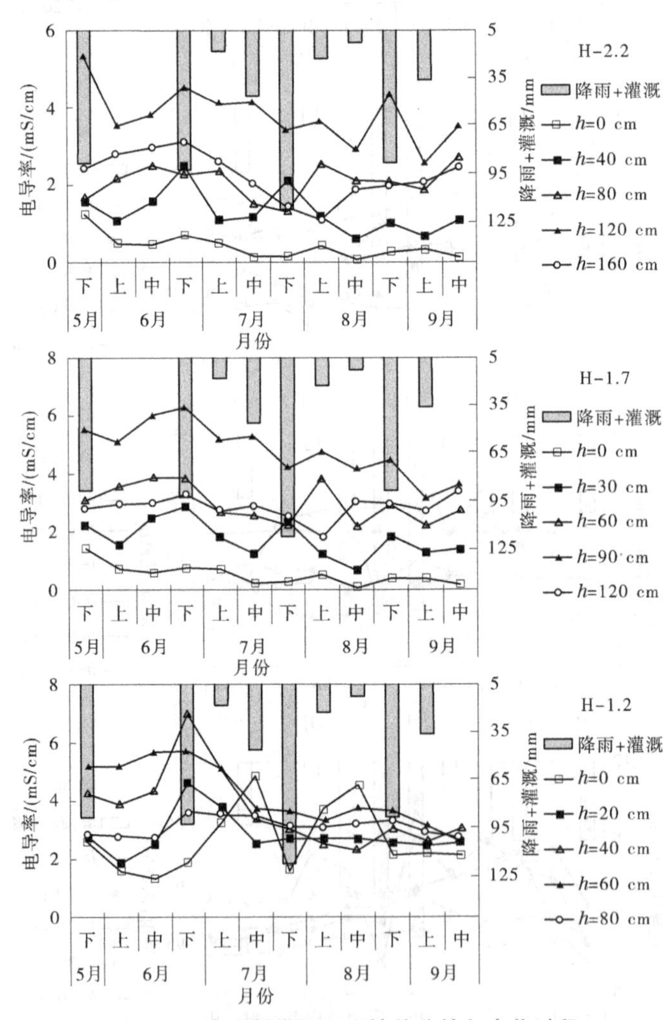

图4-7 高定额灌溉下土壤盐分的旬变化过程

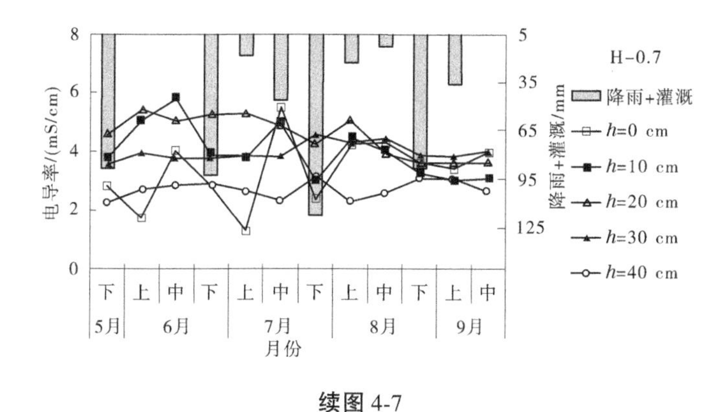

续图 4-7

4.2.2 地下水不同埋深下土壤盐分变化

根据各处理观测数据，分析整个观测期内土壤盐分的垂直变化过程，如图 4-8 所示，图中各月数据采用每月下旬监测数据均值。如图 4-8 所示，不同土层土壤盐分垂向分布形状在观测期内基本一致，除个别外，6 月土壤盐分整体均大于 5 月，表明前期土壤处于盐分累积状态，这与 5 月、6 月水分蒸发强烈的事实是一致的。

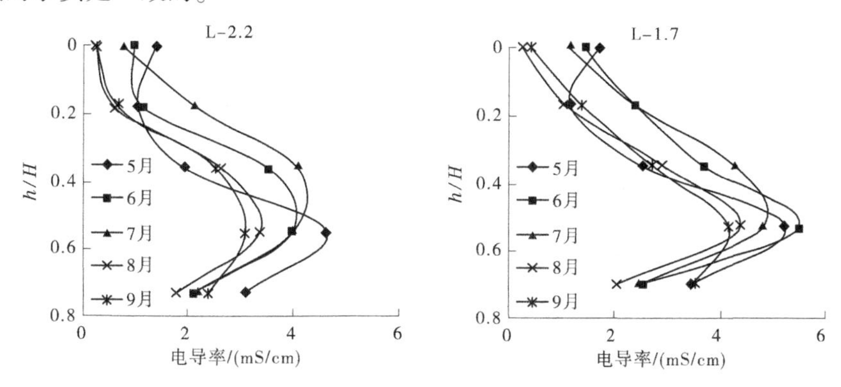

图 4-8 灌溉期内各处理盐分垂向变化

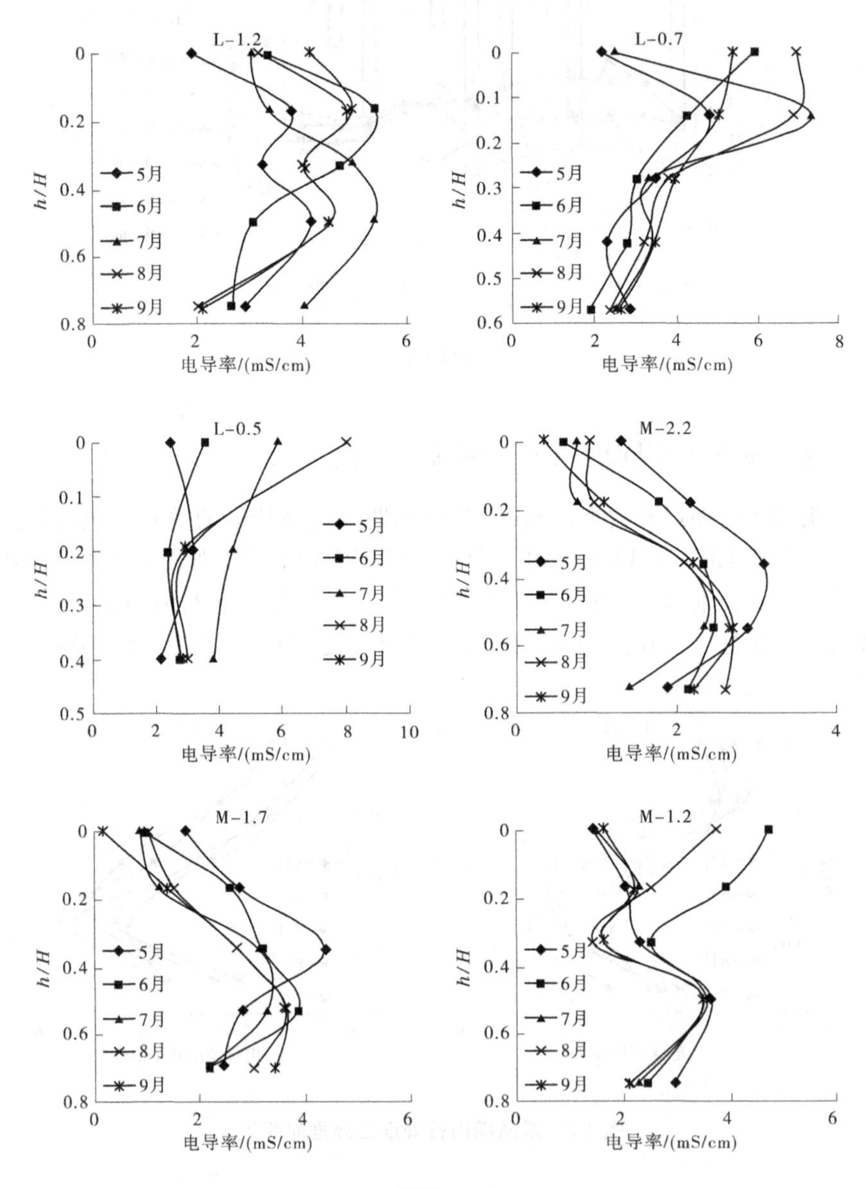

续图 4-8

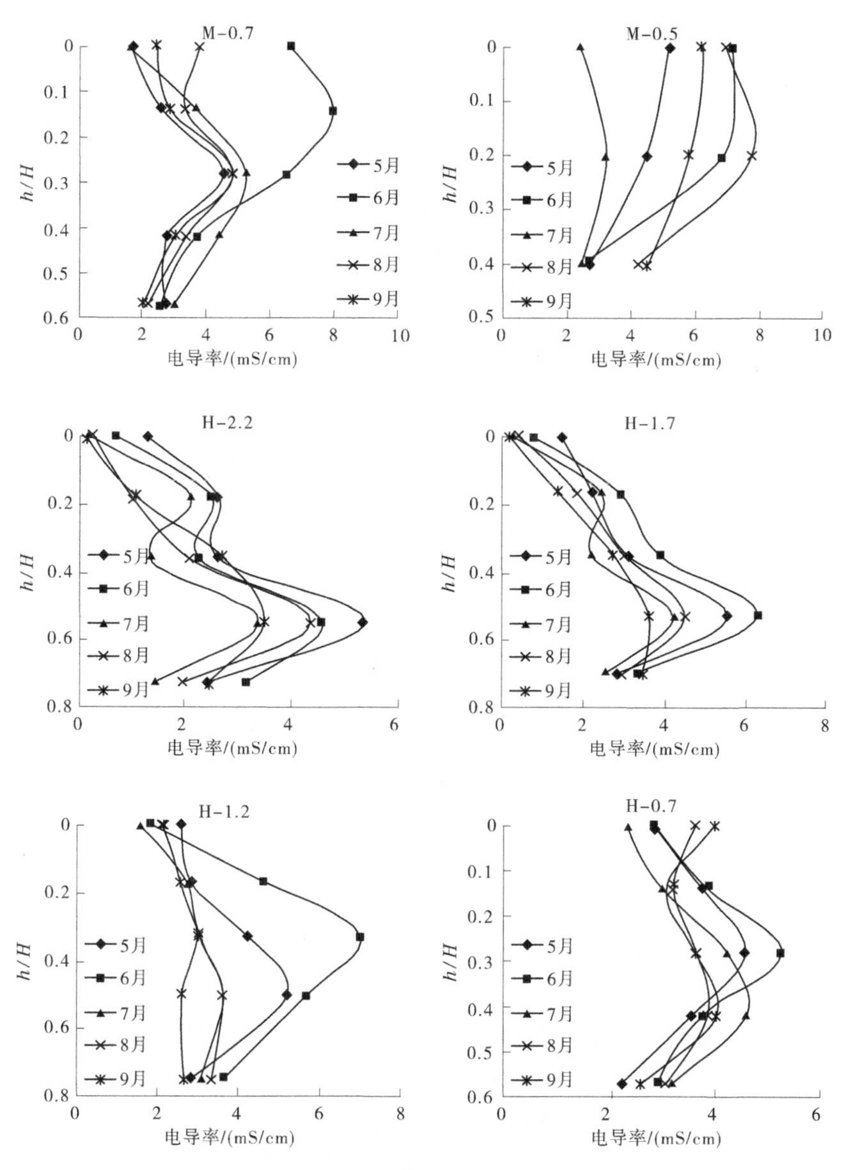

续图 4-8

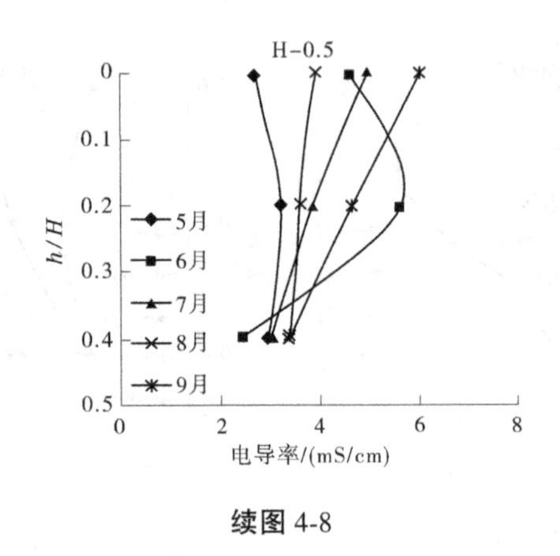

续图 4-8

当地下水埋深 H=2.2 m 时,不同灌水量处理土壤盐分均表现出表层小、下层加大的“底聚”形状,表明在该地下水埋深下,土壤在不同灌溉模式下均可以达到洗盐的目的。从不同灌水量来看,M-2.2、H-2.2 两处理土壤末期的盐分均明显低于初期,表现出全深度脱盐,高灌溉水量对土壤盐分有一定的洗脱作用;低定额灌溉后土壤盐分有所降低,在末期降低到初始值以下,但脱盐效果稍差。当 H=1.7 m 时土壤盐分垂向分布形状与 H=2.2 m 时类似,只是土壤盐分总体较 H=2.2 m 偏大,表明随地下水埋深的降低,土壤盐分受其影响加大。随着地下水埋深的降低,盐分垂直分布形态逐渐由“底聚型”向“表聚型”转变,土壤盐分受到地下水蒸发的作用向表层聚集。当 H<1.2 m 后,末期土壤盐分高于初期,土壤处于积盐状态。

选择 6 月 27 日至 7 月 1 日内的一次典型灌溉,不同灌溉水量及埋深下土壤盐分运动过程如图 4-9 所示。从同一深度不同灌溉水量来看,灌溉对土壤盐分的影响深度随灌水定额的增加而逐渐加大。低定额灌溉(L-2.2~L-0.5)只对表层盐分产生影响,影响深度在 30 cm 以内,灌溉后深层土壤盐分基本未发生明显变化。中定额灌溉(M-2.2~M-0.5)对土壤盐分的影响深度有所增加,但从各监测点位的绝对深度来看,其影响深度范围约在 40 cm。与中低定额灌溉不同,高定额灌溉后(H-2.2~H-0.5),土柱表现出整体脱盐,表明其影响深度可以贯穿整个土柱深度,灌溉后各层盐分快速下降,脱盐效果明显。

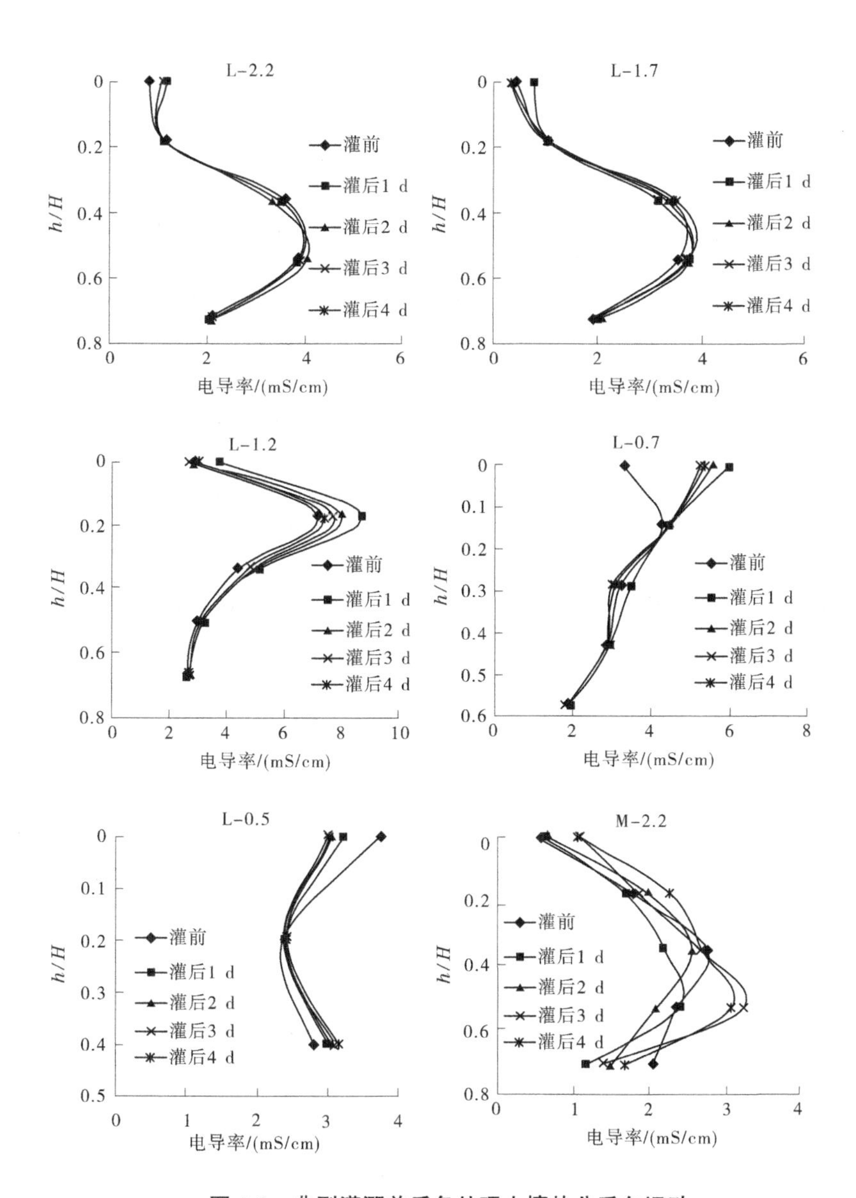

图 4-9 典型灌溉前后各处理土壤盐分垂向运动

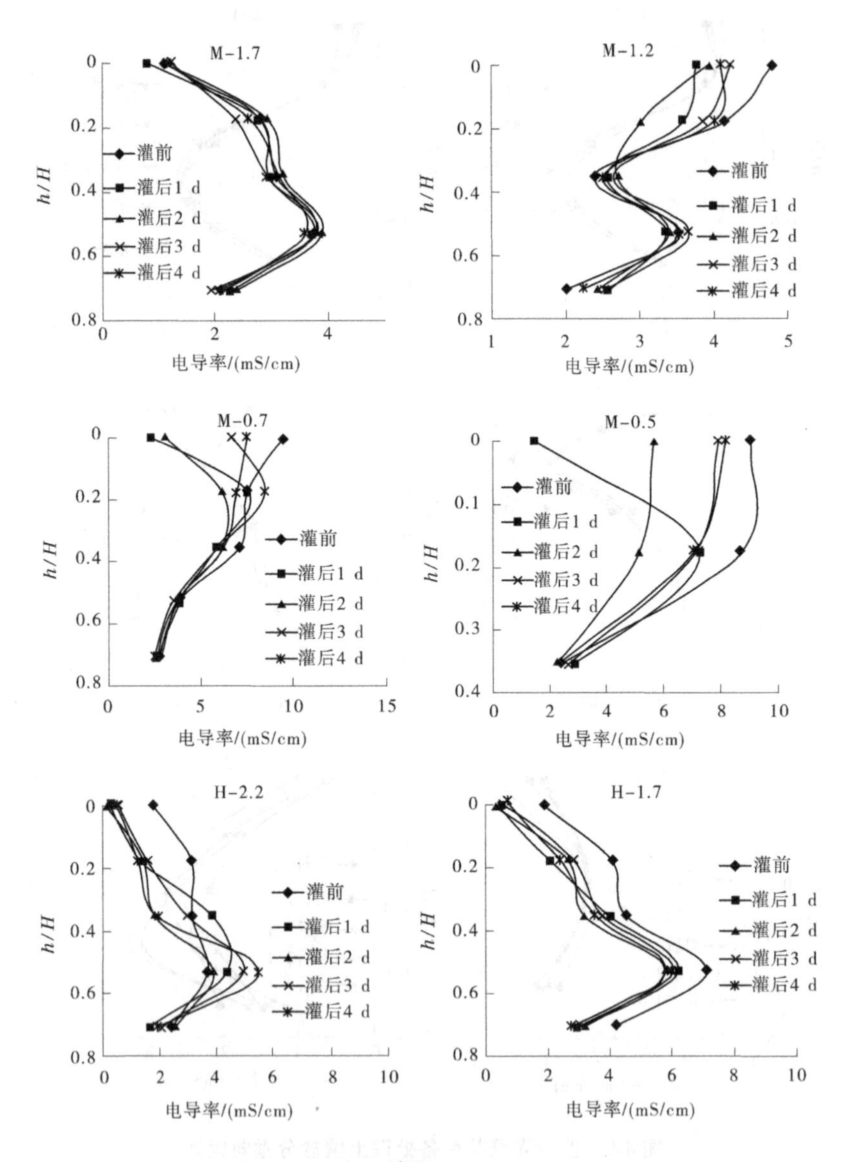

续图 4-9

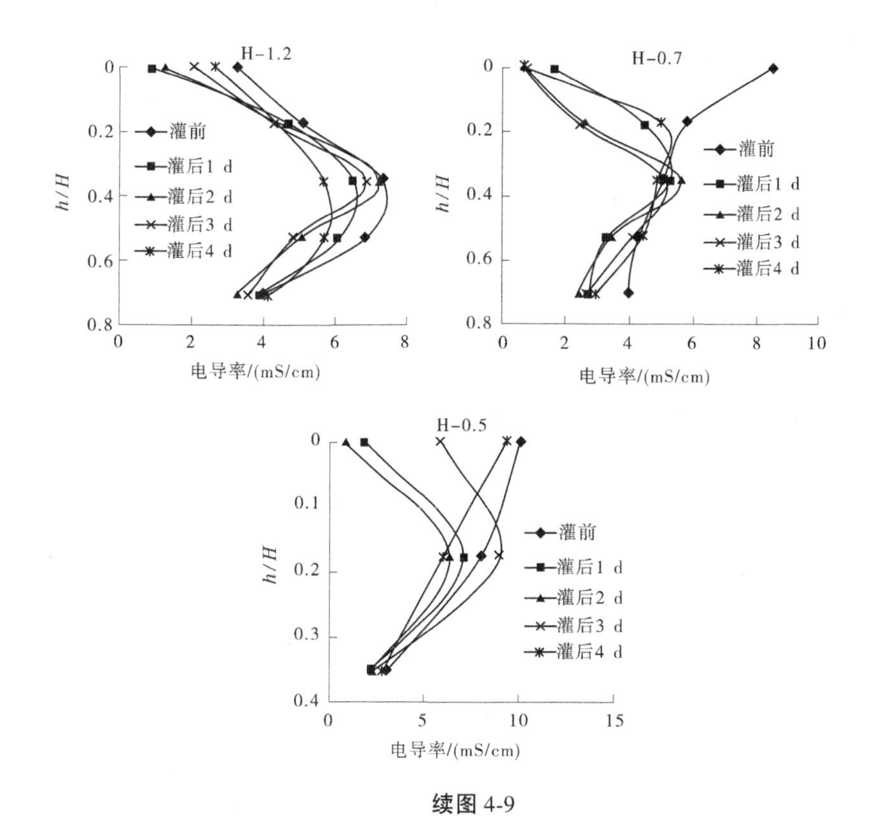

续图 4-9

从同一灌溉水量下的不同地下水埋深来看,灌水后土壤反盐历时随着地下水埋深的减小而逐渐加快,这与潜埋土壤潜水蒸发速度更快有关。中(M)、高(H)定额灌溉后4 d以内,土壤盐分均未恢复到灌前水平。但低(L)定额灌溉后,土壤盐分没有降低反而出现了升高现象,升高幅度不大。分析造成这种现象的原因可能是灌溉定额较小,土壤湿润深度有限,盐分无法向更下层运移,只能累积到湿润层以下,待下次灌溉后,土壤水力条件改善,土壤盐分随水分蒸发快速上升至地表,造成土壤反盐,这也是有部分成果报道的土壤盐分会因灌溉强度减弱而无法淋洗到深层土壤,以致土壤表层积盐的原因。

对比图4-8和图4-9来看,尽管单次灌溉后土壤盐分存在反盐现象,但到生育期末土壤盐分并未升高,这与观测期内降水也有较大的关系,也与土柱截面较小,边界影响过大,导致土壤盐分在边界处随灌水快速下降有关。

4.2.3 地下水不同埋深下灌溉方式优选

从前文分析可见,地下水不同埋深下土壤盐分变化过程有明显差异。灌溉水量的大小只能在一定的地下水埋深条件下才能有效地控制土壤盐分。以5月和9月土壤盐分均值作为参考,计算不同处理下土壤盐分在生育期内变化过程,如表4-3所示。

表4-3 不同处理下观测期土壤盐分的相对变化率 单位:%

处理	表层 0~20 cm	全深度 0~100 cm	处理	表层 0~20 cm	全深度 0~100 cm	处理	表层 0~20 cm	全深度 0~100 cm
L-2.2	-83.5	-26.2	M-2.2	-92.4	-16.8	H-2.2	-113.9	-29.5
L-1.7	-76.2	-13.7	M-1.7	-84.2	-19.0	H-1.7	-106.2	-30.3
L-1.2	+117.7	+23.4	M-1.2	+19.7	-10.0	H-1.2	-40.1	-25.7
L-0.7	+151.6	+27.9	M-0.7	+95.2	+8.6	H-0.7	+58.5	+1.1
L-0.5	+220.9	+75.1	M-0.5	+258.0	+54.3	H-0.5	+335.3	+38.3

注:"+"表示盐分增加,"-"表示盐分降低。

如表4-3所示,随着地下水埋深 H 的减小,土壤表现出由脱盐到积盐的转变。当 $H<0.7$ m时各处理均表现出盐分累积,$H=0.5$ m时盐分累积最为明显,表层土壤盐分可达到灌前的2~3倍,土壤积盐明显。当 $H>1.7$ m时,各土柱均表现出脱盐变化,脱盐率随着灌溉定额的增加而增大,表明在 $H>1.7$ m情况下,三种灌溉方式均可以达到洗盐的目的。

$H=1.2$ m是土壤盐分累积的分界线,低定额灌溉下,L-1.2盐分在观测期内升高23.4%,表层盐分累积至灌前的117.7%;M-1.2表现出全深度脱盐,表层积盐,H-1.2则仍处在脱盐变化。可见,在1.2 m埋深条件下,低定额灌溉完全无法抑制盐分,中定额灌溉在控制表层盐分条件下可以应用,而高定额灌溉仍有一定的控盐作用。

4.3 本章小结

本章根据当地水权转让规划的灌溉方式设置了土柱试验,通过分析不同地下水埋深、灌溉强度下的土壤盐分变化,分析灌溉、地下水与土壤盐分之间的关系。综合来看,可以得到如下结论:

(1)地下水对土壤盐分存在明显影响。当 $H>1.7$ m 后,地表盐分无明显的增加趋势,$H<1.2$ m 后土壤盐分在地表累积。在1.2 m 埋深条件下,低定额灌溉完全无法抑制盐分,中定额灌溉在控制表层盐分条件下可以应用,高定额灌溉仍有控盐作用,可以用于农业生产。

(2)低定额(0.7 L)灌溉下深度30 cm以内的土壤盐分存在扰动,中下层对灌溉过程响应有限;中定额(1.4 L)灌溉下约40 cm土层盐分随灌溉过程扰动明显;高定额(2.8 L)灌溉后土壤全深度脱盐。低定额灌溉后土壤盐分存在表层短暂反盐现象,观测期内脱盐与降水直接相关。

(3)灌溉定额与土壤脱盐能力成正比。高定额灌溉下土柱全深度盐分相对变化率为-30.3%-+38.3%,中定额灌溉下土壤盐分相对变化率为-19%~+54.3%,低定额灌溉下土壤盐分相对变化率为-26.2%~+75.1%。灌溉定额越高土壤脱盐率越高,积盐率越低。

5　不同灌溉方式下土壤盐分变化的数值模拟与预测

根据前文分析结果,不同的灌溉过程可能造成土壤盐分变化产生较大差异。已有研究指出,喷、滴灌等高效节水灌溉技术会造成盐分在土壤湿润锋边缘的富集,增加土壤的返盐风险。本章结合不同灌溉方式下的土壤水盐监测数据,通过建立模型,分析土壤盐分变化与各种因素之间的关系,对高效节水灌溉条件下土壤盐分变化进行预测,并进一步对灌区节水灌溉制度提出改进意见,以保障水权转让二期项目的顺利实施。土壤水盐运动模拟大体可以分为均衡法、动力学法和模糊法等。本次基于 Hydrus-1D 建立土壤水盐运动模拟模型,在模型率定及验证的基础上,对不同灌溉条件下的土壤盐分变化进行预测。

5.1　Hydrus 计算原理及模型简介

5.1.1　模型概述

Hydrus 是用于模拟饱和、非饱和多孔介质中水、热和溶质运移以及作物吸收的数学模型软件。Hydrus-1D 利用 Richards 方程描述土壤水流的运移,用对流弥散方程描述土壤溶质和热的运移。模型包括七个基本模块,如图 5-1 所示为软件界面,界面主要用于参数设置、数据输入和结果输出,同时提供一维土柱图形界面供用户进行可视化空间离散、初始条件给定和土壤质地分类等。模型利用有限单元法求运移方程的数值解,同时可以根据实测土壤含水率以及溶质浓度对土壤水力学参数和溶质反应运移参数进行反解求参运算。

5.1.2　主要函数及方法

5.1.2.1　**土壤水分运移方程**

Hydrus-1D 将农田土壤的水分和溶质运移概化为一维纵向运动,不考虑侧向渗漏情况,因此模型采用一维垂直入渗的 Richards 方程描述土壤剖面水分运动,表达如下:

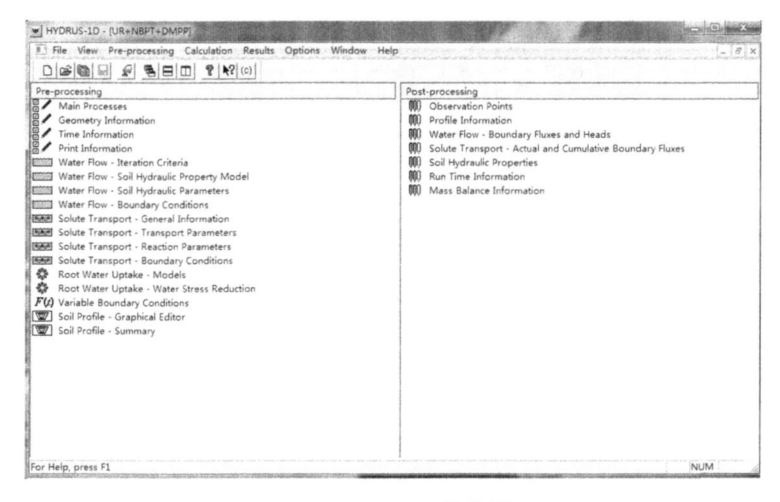

图 5-1 Hydrus-1D 软件界面

$$\frac{\partial \theta}{\partial t}=\frac{\partial}{\partial z}\left[K\left(\frac{\partial h}{\partial z}+1\right)\right]-S \tag{5-1}$$

式中：θ 为土壤体积含水率，cm^3/cm^3；h 为土壤水压力水头，cm；S 为源汇项，cm^3/cm^3d^{-1}；z 为土壤深度空间坐标，向上为正；t 为时间，s；K 为非饱和导水率函数，cm/s。即：

$$K(h,z)=K_s(z)K_r(h,z) \tag{5-2}$$

式中：K_r 是相对导水率，cm/s；K_s 为饱和导水率，cm/s。

非饱和土壤水力运动参数在 Hydrus-1D 的内核程序中表述为一个闭式方程，由 Van Genuchten 在 1980 年利用饱和孔隙分布 Mualem 模型得到非饱和导水率的预测公式，对原有的 Van Genuchten 模型进行修正后，土壤持水量 $\theta(h)$ 和导水率 $K(h)$ 的表达式为：

$$\theta(h)=\begin{cases}\theta_a+\dfrac{\theta_m-\theta_a}{(1+|\alpha h|^n)^m} & (h<h_s)\\ \theta_s & (h\geq h_s)\end{cases} \tag{5-3}$$

以及

$$K(h)=\begin{cases}K_sK_r(h) & (h\leq h_k)\\ K_k+\dfrac{(h-h_k)(K_s-K_k)}{h_s-h_k} & (h_k<h<h_s)\\ K_s & (h\geq h_s)\end{cases} \tag{5-4}$$

式中各主要参数分别为：

$$K_r = \frac{K_k}{K_s}\left[\frac{S_e}{S_{ek}}\right]^{\frac{1}{2}}\left[\frac{F(\theta_r) - F(\theta)}{F(\theta_r) - F(\theta_k)}\right]^2 \tag{5-5}$$

$$F(\theta) = \left[1 - \left(\frac{\theta - \theta_a}{\theta_m - \theta_a}\right)^{\frac{1}{m}}\right]^m \tag{5-6}$$

$$m = 1 - 1/n,\ n > 1 \tag{5-7}$$

$$S_e = \frac{\theta - \theta_r}{\theta_s - \theta_r} \tag{5-8}$$

$$S_{ek} = \frac{\theta_k - \theta_r}{\theta_s - \theta_r} \tag{5-9}$$

式中：θ_r、θ_s 分别为残留含水率和饱和含水率，cm^3/cm^3；K_s 为饱和导水率，cm^2/s。

为了增加分析表述的灵活性，允许非零入气量 h_s，参数 θ_r、θ_s 在公式中分别被虚拟参数 θ_a、θ_m（$\theta_a<\theta_r$、$\theta_m>\theta_s$）代替，并通过压力水头-含水率关系图外延线确定。$K(k)=K(\theta_k)$ 是土壤为某一含水率 θ_k 时的导水率，通常 $\theta_k \leqslant \theta_s$、$K_k \leqslant K_s$。$N$ 为孔隙分布指数。

当 $\theta_a=\theta_r$、$\theta_m=\theta_k=\theta_s$ 及 $K_k=K_s$ 时，以上公式变为 Van Genuchten 的最初形式：

$$\theta(h) = \begin{cases} \theta_r + \dfrac{\theta_s - \theta_r}{(1 + |\alpha h|^n)^m} & (h < 0) \\ \theta_s & (h \geqslant 0) \end{cases} \tag{5-10}$$

$$K(h) = \begin{cases} K_s K_r(h) & (h < 0) \\ K_s & (h \geqslant 0) \end{cases} \tag{5-11}$$

$$K_r = S_e^{\frac{1}{2}}\left[1 - (1 - S_e^{\frac{1}{m}})^m\right]^2 \tag{5-12}$$

5.1.2.2 溶质运移数值模型

溶质运移的基本模型为：

$$\frac{\partial \theta C}{\partial t} + \frac{\partial \rho s}{\partial t} = \frac{\partial}{\partial z_i}\left(\theta D_{ij}\frac{\partial C}{\partial z_j}\right) - \frac{\partial q_i C}{\partial z_i} + u_w \theta C + u_s \rho s + \gamma_w \theta + \gamma_s \rho - SC_s \tag{5-13}$$

式中：C 为溶质浓度，g/cm^3；s 为吸收浓度，g/cm^3；q_i 为水流通量第 i 个分量，cm/s；u_w 和 u_s 分别为溶质在液相和固相中的一阶反应速率常量，s^{-1}；γ_w 和 γ_s 分别为液相和固相中零阶反应速率常量，$g/(cm^3 \cdot s)$，s^{-1}；ρ 为土壤容重，

g/cm^3;S 为源汇项;C_s 为汇源项浓度,g/cm^3;D_{ij} 为扩散系数张量。

四个常量系数可以用来表述运移或反应的变化,包括生物降解、挥发作用、沉积作用和放射性衰变。溶质运移基本方程中给出的弥散张量分量 D_{ij} 可由以下得到:

$$\theta D_{ij} = D_T |q| \delta_{ij} + (D_L - D_T)\frac{q_i q_j}{|q|} + \theta D_d \tau \delta_{ij} \tag{5-14}$$

式中:D_d 为分子或离子在水中的自由扩散系数,cm/s;τ 为弯曲因子;q 为达西水流通量绝对值,cm/s;δ_{ij} 为 Kronecken 函数,当 $i=j$ 时,$\delta_{ij}=1$,当 $i \neq j$ 时,$\delta_{ij}=0$;D_L 和 D_T 分别为横向与纵向弥散度,cm。

模型中假设溶质浓度 C 和吸收浓度 s 之间在土壤溶液中保持平衡交互。s 和 C 的等温吸收关系可由线性关系确定,即

$$S = k \cdot C \tag{5-15}$$

式中:k 为经验系数。

5.1.2.3　作物腾发和根系吸水

Hydrus 考虑作物腾发量主要是为了计算作物根系吸水项,软件可以根据气象资料自动计算参考作物腾发量,也可在边界条件中单独输入土壤潜在蒸发和作物潜在蒸腾。叶面积指数用于作物潜在蒸腾和土壤潜在蒸发的分配。潜在的作物根系吸水量 S_p 与作物潜在蒸腾量 T_p 关系如下式所示:

$$S_p = \int_{LR} S_p(z)\,\mathrm{d}z = T_p \int_{LR} b(z)\,\mathrm{d}z \tag{5-16}$$

式中:LR 为最大根系深度;$b(z)$ 为标准化的根系吸水分配密度函数。

根据 Hoffman 和 Van Genuchten 1983 年提出的方法,$b(z)$ 采用如下表达:

$$b(z) = \begin{cases} \dfrac{1.667}{LR} & z > L - 0.2LR \\ \dfrac{2.0833}{LR}\left(1 - \dfrac{L-z}{LR}\right) & z \in (L - LR; L - 0.2LR) \\ 0 & z < L - LR \end{cases} \tag{5-17}$$

式中:L 为根深。

5.1.2.4　模型求解

由于土壤水分及溶质运移方程的非线性,其求解过程必须用迭代法。首先由高斯消去法得到线性代数方程,然后进行第一次求解,将此解作为已知条件重新代入方程求解,直到前后两次循环求得所有节点的解,相差在容许误差范围内停止循环迭代,再进行下一时段的方程求解。容许误差范围即满足下式:

$$\max\left|(x_l^k - x_l^{k-1})/x_l^{k-1}\right| \leqslant \varepsilon \tag{5-18}$$

式中:ε 为容许偏差值;x_l 为迭代项;k 为迭代次数。

5.2 土壤水盐变化模型

5.2.1 初始及边界条件

(1)水分运移。

初始条件: $\theta(z,0)=\theta_0(z) \quad -Z\leqslant z\leqslant 0, t=0$ (5-19)

上边界选择大气边界: $-K\left(\dfrac{\partial h}{\partial z}+1\right)=E(t) \quad z=0 \quad t>0$ (5-20)

下边界根据地下水埋深选择变水头或自由排水边界:

当 $H<2$ m 时: $h(z,t)=h_0(t) \quad z=-Z \quad t>0$ (5-21)

当 $H>2$ m 时: $\dfrac{\partial h}{\partial z}=0 \quad z=-Z \quad t>0$ (5-22)

式中:h 为土壤剖面水头,cm; $E(t)$ 为降水、灌溉或蒸发速率,cm/d。

选择上边界为大气边界,该边界为混合边界,输入作物生育期内逐日上边界的降水、灌溉和蒸散发量。根据前述研究,地下水对土壤水盐含量影响明显,当 $H>2.0$ m 时地下水对土壤盐分的影响基本消失,因此本次按照前述研究结论,在地下水埋深 $H>2.0$ m 时下边界选择为自由排水边界,此时水流的运动不受外界其他因素的影响;当 $H<2.0$ m 时下边界选择为变水头边界,考虑地下水对土壤水盐的影响。

(2)溶质运移。

初始条件: $C(z,0)=C_0(z) \quad -Z\leqslant z\leqslant 0 \quad t=0$ (5-23)

上边界: $-\theta D\dfrac{\partial C}{\partial z}+q_z C=q_s C_s(t) \quad z=0 \quad t>0$ (5-24)

下边界: $C(z,t)=C_b(t) \quad z=-Z \quad t>0$ (5-25)

式中:θ 为土壤含水率,%;q_z 为地表水分通量,蒸散取正值,灌溉与降水入渗取负值,cm/d;q_s 为溶质通量,cm/d;C_0 为剖面初始土壤水矿化度,g/cm^3;C_s 为上边界流量矿化度,当边界流量为土壤水蒸散量或降水量时,$C_s=0$,当边界流量为灌溉水量时为灌溉水矿化度,g/cm^3;C_b 为下边界潜水矿化度,g/cm^3。

5.2.2 输入数据与参数确定

土壤水流模型采用单孔模型中的 Van Genuchten-Mualem 模型,不考虑水分滞后效应,土壤水分运动参数根据颗粒分析结果采用神经网络预测,利用逆向求解法优化水盐运动参数。水流模拟与盐分模拟上边界均为开放大气边界,接受降水、灌溉补给,排泄为蒸发,水流模拟边界及初始条件按照实测降水量、灌溉量和蒸散发量赋值;盐分模拟采用实测灌溉水矿化度。水流模拟下边界为变水头边界的,根据实测地下水埋深确定;盐分下边界为已知浓度边界,采用实测潜水矿化度。

5.2.3　时空离散

模型模拟地下 0~100 cm 深度范围土壤,将土壤划分为 100 个计算单元,模拟时段为 2017 年灌溉期,按照观测期约 130 d。采用变时间步长剖分,初始及最小时间步长为 0.001 d,最大为 1 d,土壤含水量容许误差为 0.001,压力水头容许误差为 1 cm。

5.2.4　模型率定与检验

5.2.4.1　**模型参数**

土壤水力学参数根据土壤颗粒分析情况,采用 Hydrus-1D 自带的神经网络模型自动预测,并优化调整;溶质运移模型初始值根据河套灌区研究的相关文献确定,在此基础上通过 2017 年观测期试验数据进行参数拟合,通过参数优化调整确定主要特征参数数值,如表 5-1 所示。蒸散发数据根据实测资料计算,根系吸水采用 Feddes 模型计算,参数采用软件数据库默认值。

表 5-1　模型模拟参数

灌溉方式	土层深度/cm	θ_r/(g/g)	θ_s/(g/g)	K_s/(cm/d)	α/(cm^{-1})	n	DL/cm
畦田	0~60	0.07	0.40	300	0.038	2.0	5
	60~100	0.065	0.39	270	0.051	1.54	40
滴灌	0~60	0.05	0.41	170	0.13	2.1	40
	60~100	0.06	0.40	120	0.1	1.7	58

5.2.4.2　**模型率定与检验**

利用 2017 年数据对模型进行率定,利用 2018 年数据对模型进行验证,不同灌溉方式和埋深下模拟结果如图 5-2~图 5-4 所示。计算土壤含水量、含盐量模拟值和实测值的相关系数、决定系数、平均相对误差、均方根误差及 Nash-

Sutcliffe 系数验证模型精度,如表 5-2 所示。结果表明:土壤含水量和含盐量模拟结果精度较高,构建模型可以用于实际模拟应用。

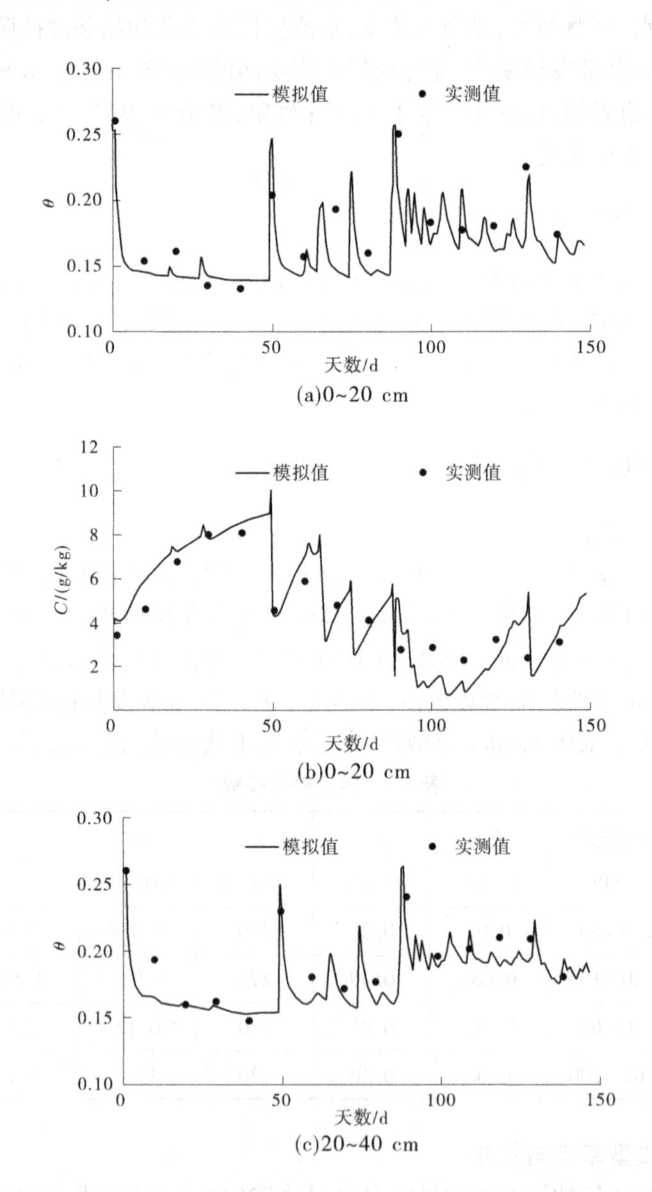

图 5-2　畦田(H=1.0~1.5 m)灌溉下土壤含水量与含盐量模拟值及实测值对比

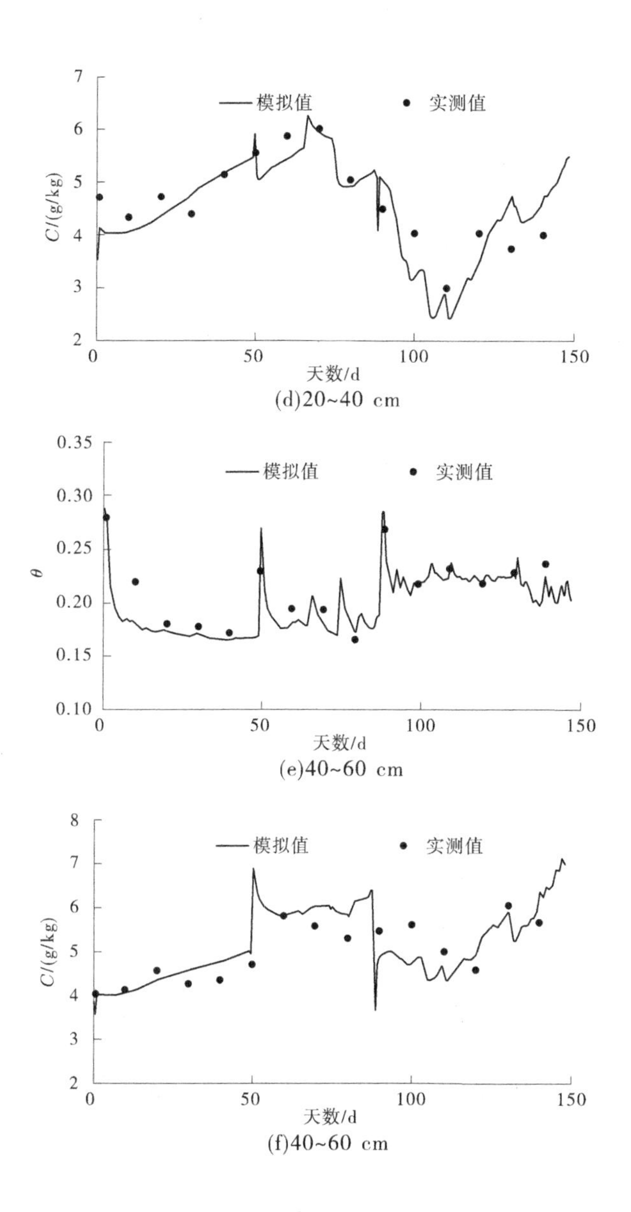

(d)20~40 cm

(e)40~60 cm

(f)40~60 cm

续图 5-2

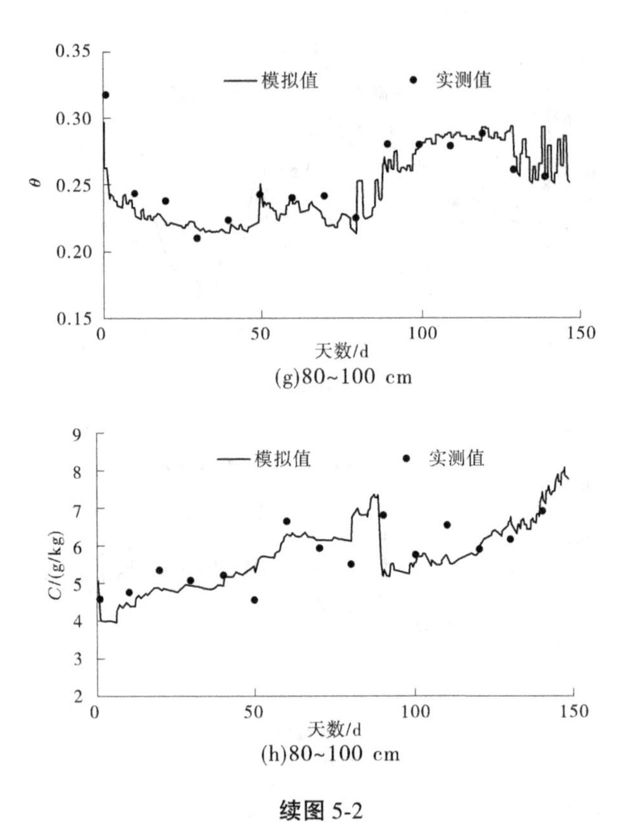

(g)80~100 cm

(h)80~100 cm

续图 5-2

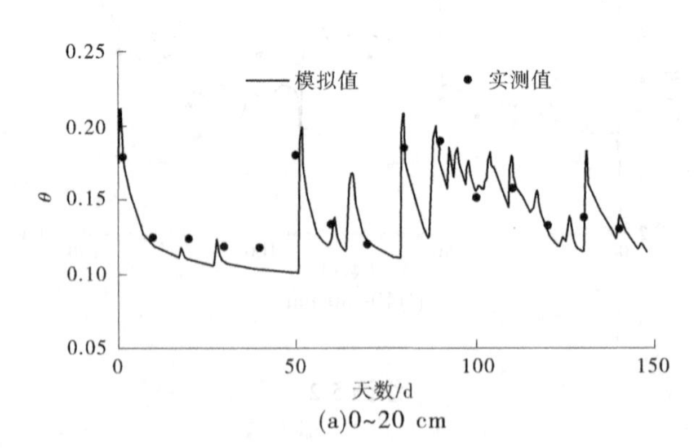

(a)0~20 cm

图 5-3　畦田(H>2.0 m)灌溉下土壤含水量与含盐量模拟值及实测值对比

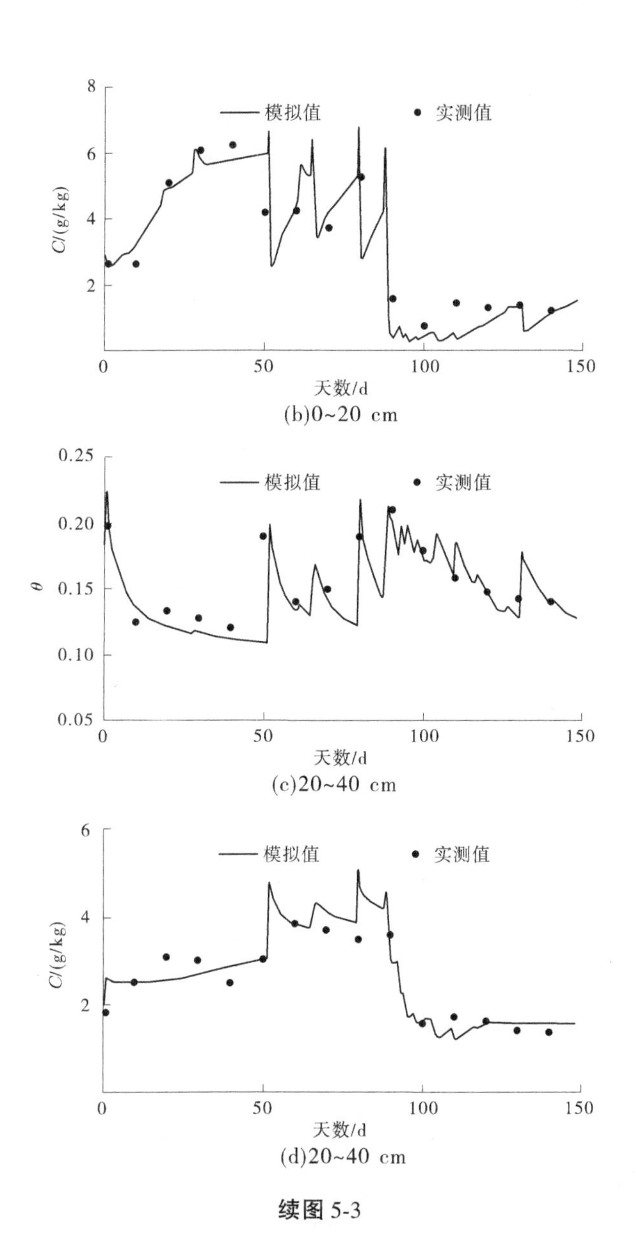

(b)0~20 cm

(c)20~40 cm

(d)20~40 cm

续图 5-3

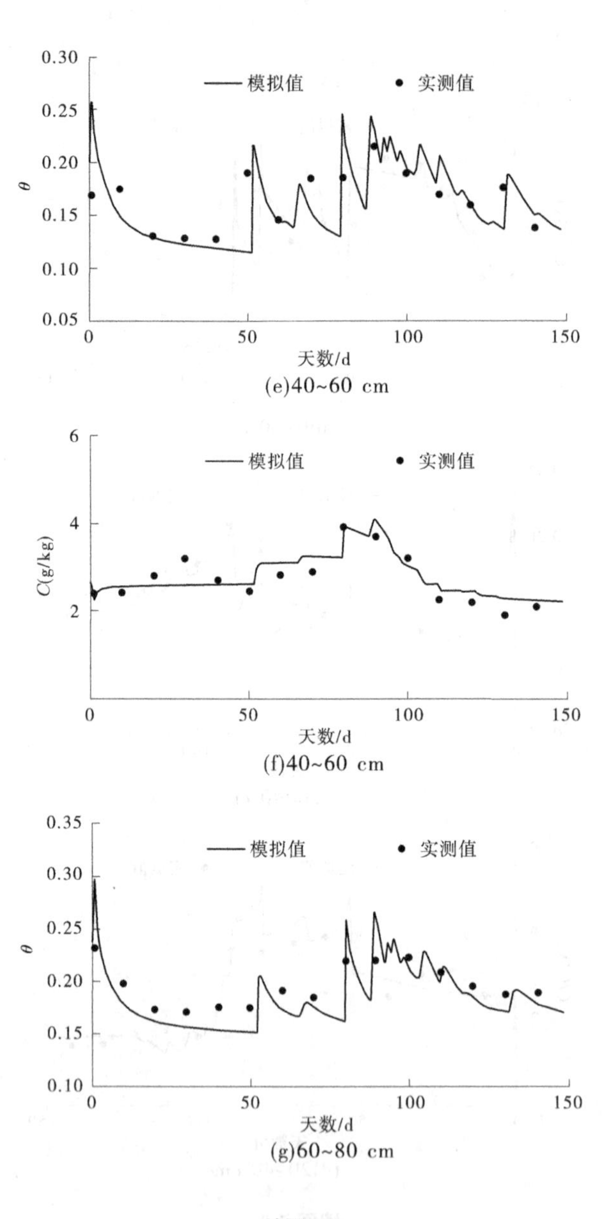

(e)40~60 cm

(f)40~60 cm

(g)60~80 cm

续图 5-3

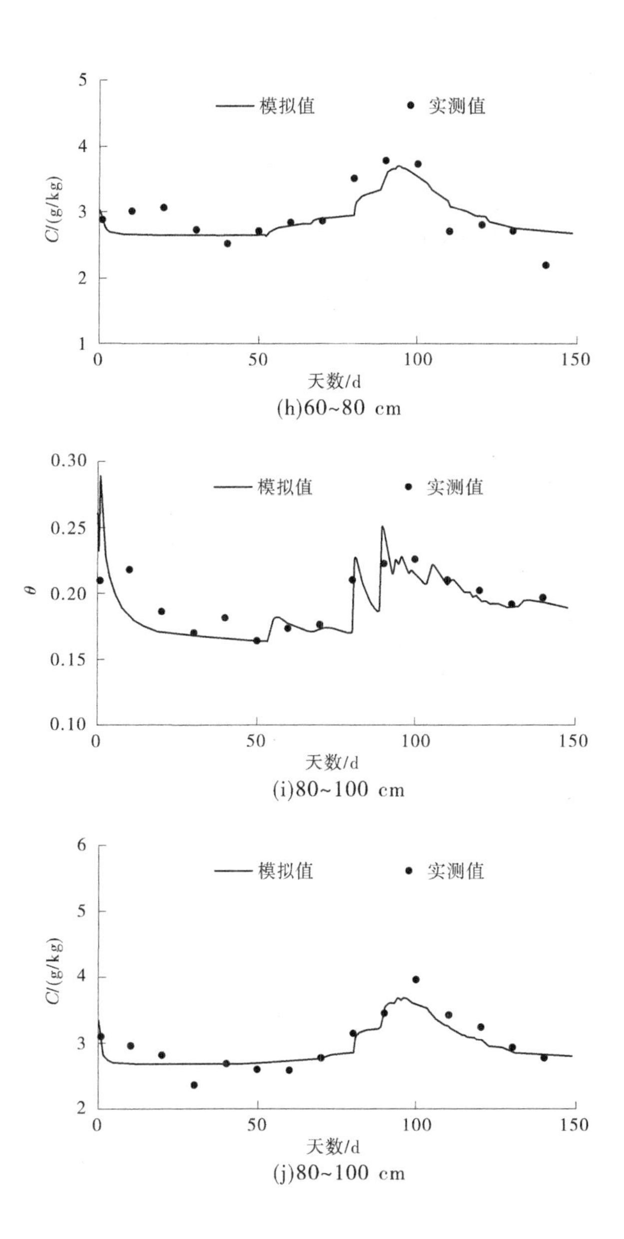

(h)60~80 cm

(i)80~100 cm

(j)80~100 cm

续图 5-3

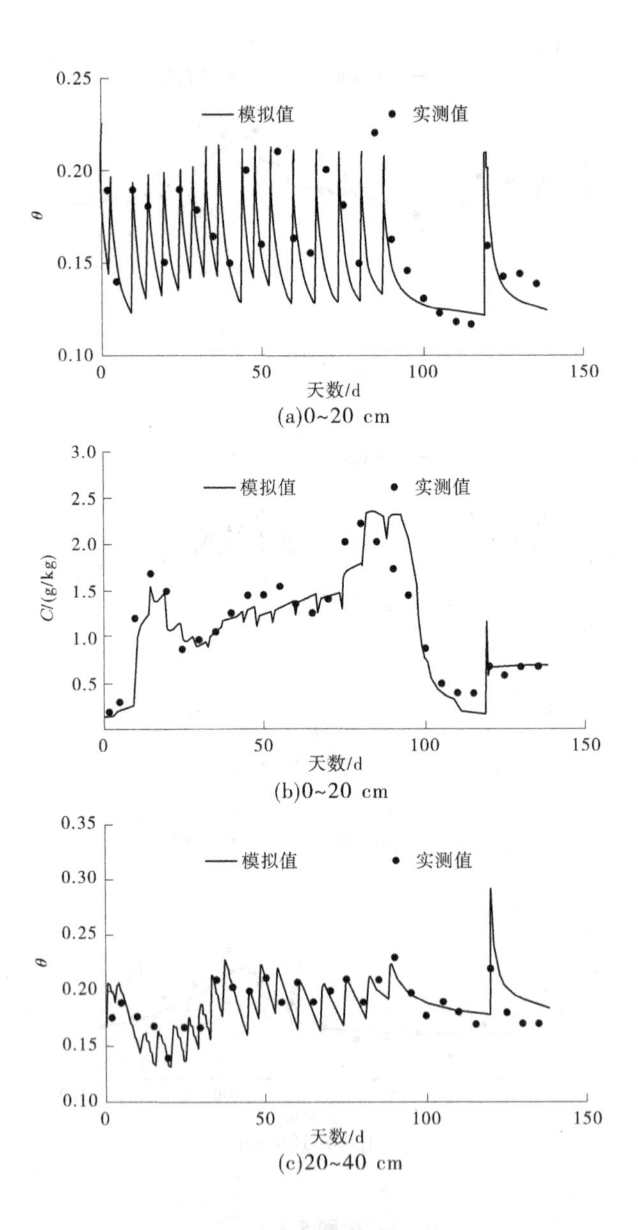

图 5-4　滴灌土壤含水量与含盐量模拟值及实测值对比

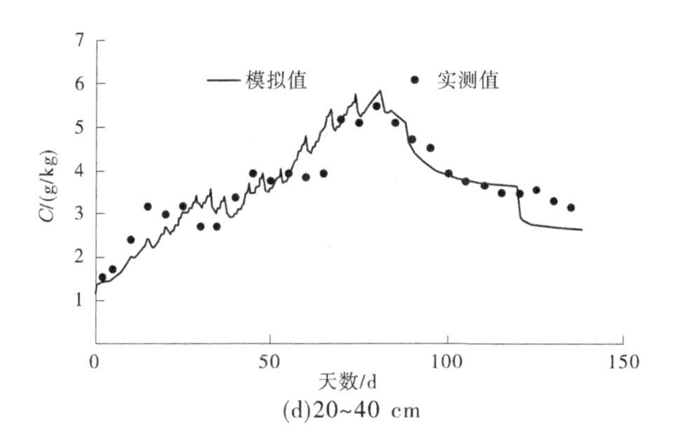

(d)20~40 cm

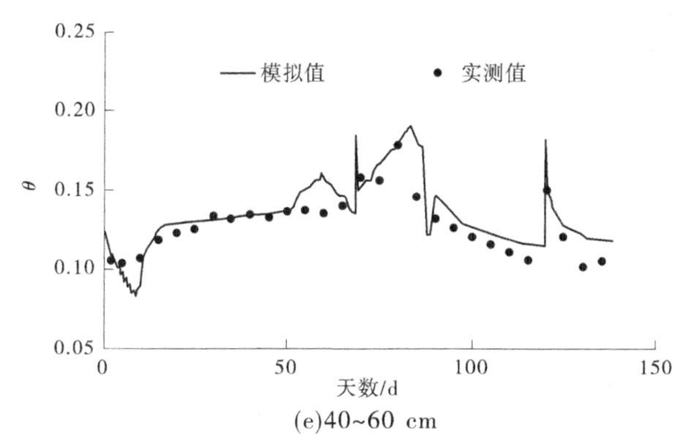

(e)40~60 cm

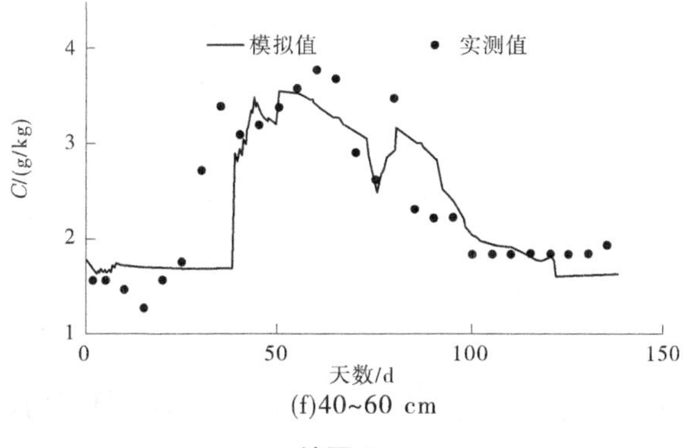

(f)40~60 cm

续图 5-4

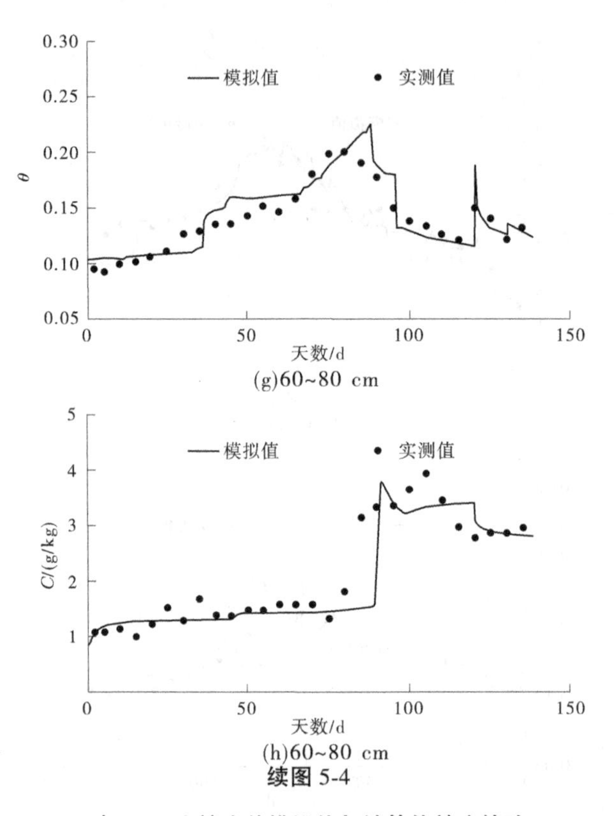

(g)60~80 cm

(h)60~80 cm

续图 5-4

表 5-2　土壤水盐模拟值与计算值精度检验

灌溉方式	项目	相关系数 R	决定系数 R^2	平均相对误差 *MRE*/%	均方根误差 *RMSE*	Nash-Sutcliffe 系数
畦田	含水量	0.90	0.80	0.2	0.16	0.914
	含盐量	0.92	0.84	4.88	0.34	0.998
滴灌	含水量	0.85	0.72	1.05	0.02	0.86
	含盐量	0.97	0.94	-2.45	0.244	0.998

5.3　水权转让下根区土壤盐分的变化预测

根据《二期水权规划》和《二期评估报告》，灌区喷、滴灌主要选择在地下水埋藏较深、改造前无盐碱化、土壤渗透性较高的区域进行。根据实际工程配套建设情况，喷、滴灌工程拟布置的区域土壤质地全部为砂土，本次预测不再区分土壤质地。考虑到本次未能监测到引黄喷灌地块,因此对构建的模型按照喷灌灌溉制度进行改进模拟。考虑到喷、滴灌主要布置在砂质土、地下水埋深较深和盐渍化程度较低的区域,因此本次主要以砂质土为模拟对象,地下水埋深设置为 2 m,考虑非生育期有无淋洗来设置方案。

田间数据监测耗时费力,加之灌区高效节水工程投入使用滞后,难以完全根据监测数据对高效节水灌溉与土壤盐分之间的关系给出精确的预测。因此,在观测数据和规律分析的基础上,利用识别的田间水盐运移模型,预测不同灌溉条件下的土壤水盐变化,以确定合理的田间灌溉管理方式。

根据前述监测结论,地下水对土壤盐分运动存在较大影响,同时灌溉期内低定额灌溉下土壤盐分存在耕作层富集现象,单纯依靠生育期灌溉可能造成根区水盐环境恶化,最终影响作物生长。生育期灌溉的主要目的在于满足作物的需水要求,保持土壤湿度;秋浇的目的则在于田间洗盐,降低受盐渍化威胁的土壤盐分含量。

为了保证作物生产生长和秋浇淋盐的需要,同时考虑节约用水,生育期灌溉按照灌区规划滴灌(195 m^3/亩)、喷灌(210 m^3/亩)和畦田(240 m^3/亩)灌溉设置灌溉制度。秋浇定额采用灌区规划的设计值 80 m^3/亩,并设置一个节水定额 50 m^3/亩,分析非生育期淋洗对土壤盐分的影响。

畦田和滴灌采用识别的模型模拟,地下水埋深采用畦田灌溉不同地下水埋深的设置方式,喷灌采用滴灌模型改变灌溉制度模拟,模拟预测方案如表 5-3 所示。

表 5-3　土壤盐分运动模拟预测方案

方案/灌溉定额	方案	灌溉方式	秋浇(m^3/亩)
方案 1 (195 m^3/亩)	方案 11	滴灌	—
	方案 12	滴灌	50
	方案 13	滴灌	80
方案 2 (210 m^3/亩)	方案 21	喷灌	—
	方案 22	喷灌	50
	方案 23	喷灌	80
方案 3 (240 m^3/亩)	方案 31	畦田	—
	方案 32	畦田	50
	方案 33	畦田	80

注:滴灌定额为 15 m^3/亩(22 mm),每 10 d 灌溉 1 次,共计 13 次;喷灌定额为 30 m^3/亩(44 mm),每 20 d 灌溉 1 次,共计 7 次;畦田灌溉定额为 60 m^3/亩(88 mm),每 30 d 灌溉 1 次,共计 4 次。

采用不同的灌溉方案对灌区土壤盐分变化情况进行5年的模拟，0~60 cm根区土壤盐分变化情况如图5-5所示。不进行秋浇时，各种灌溉方式下根区土壤盐分均表现出一定的升高趋势，表明单纯依靠生育期灌溉无法完全起到缓解盐分累积的作用，也表明在滴灌和常规灌溉条件下土壤盐分存在根区盐分累积的风险，畦田灌溉会在两年内达到稳定，其余两种模式则不断升高。在实施50 m^3/亩定额秋浇灌溉条件下，滴灌、畦田灌溉下土壤盐分在2年内下降明显、后期趋于稳定，喷灌土壤盐分则呈上升状态。喷灌土壤盐分有所升高与灌溉定额低、灌溉周期较长、灌溉抑制盐分增长的能力不足有关，滴灌则因灌溉频率较高，土壤盐分处于低水平累积-脱盐状态。当秋浇定额为80 m^3/亩时，不同灌溉方案下土壤盐分均表现出下降趋势，表明大定额秋浇过后土壤盐分被淋洗到深层土壤，根区土壤水盐环境得到优化。

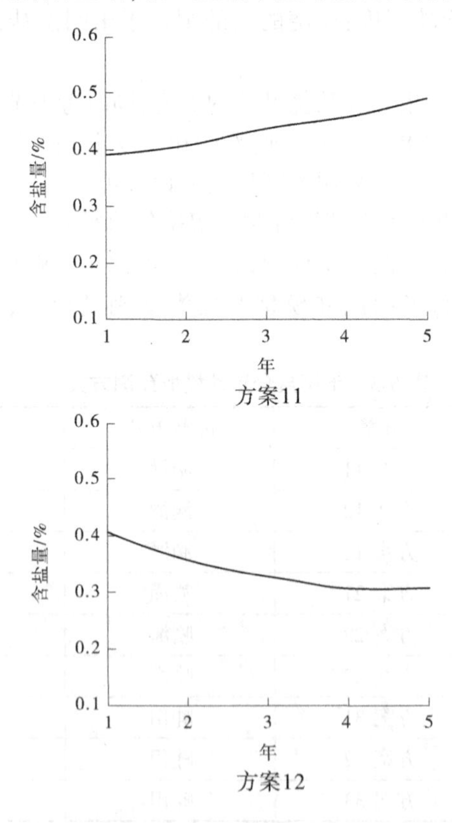

图5-5　不同灌溉方案下生育期根区(0~60 cm)的土壤盐分情况

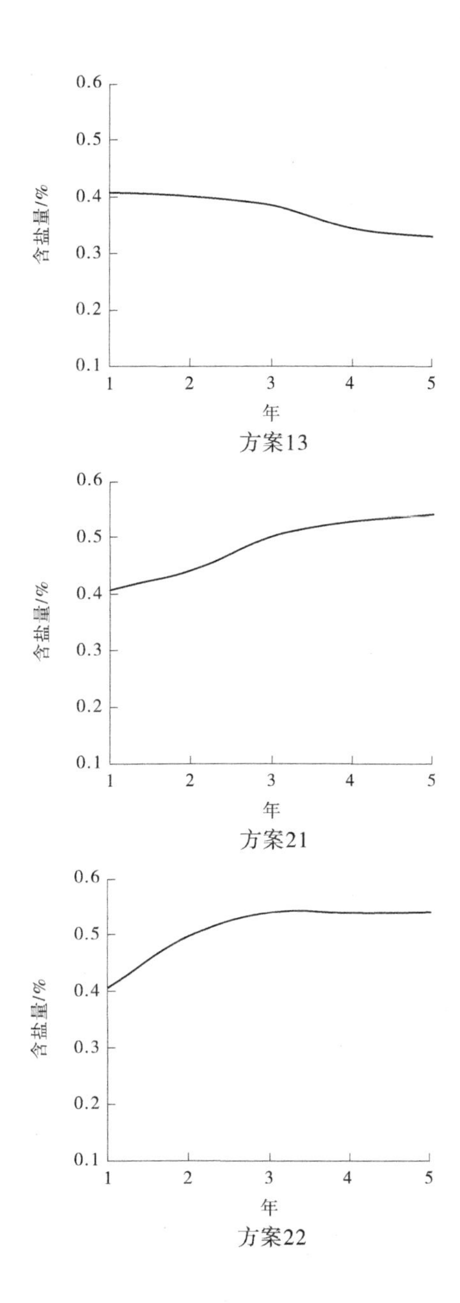
0.6
0.5
0.4
0.3
0.2
0.1
含盐量/%
1
2
3
4
5
年
方案13
0.6
0.5
0.4
0.3
0.2
0.1
含盐量/%
1
2
3
4
5
年
方案21
0.6
0.5
0.4
0.3
0.2
0.1
含盐量/%
1
2
3
4
5
年
方案22

续图 5-5

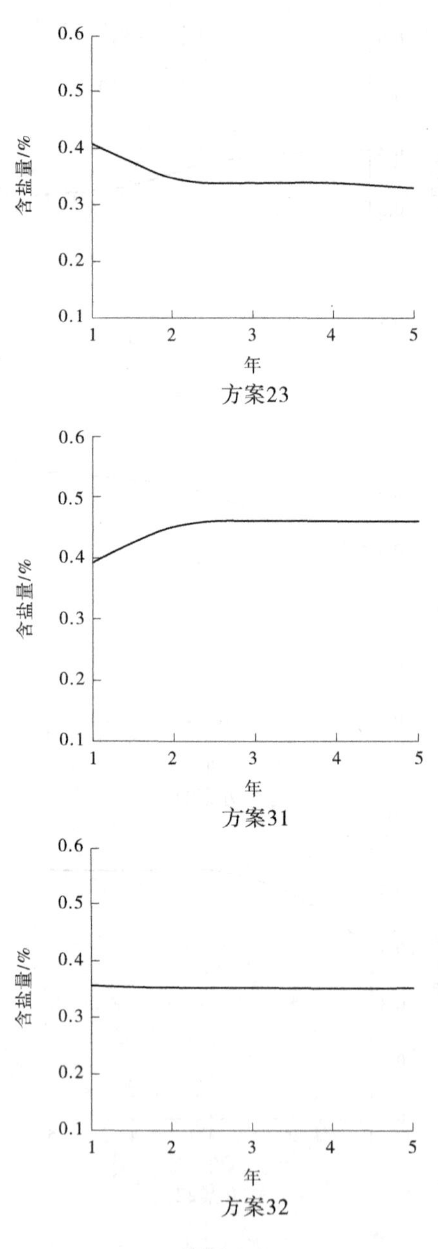
0.6
0.5
0.4
0.3
0.2
0.1
含盐量/%
1
2
3
4
5
年
方案23
0.6
0.5
0.4
0.3
0.2
0.1
含盐量/%
1
2
3
4
5
年
方案31
0.6
0.5
0.4
0.3
0.2
0.1
含盐量/%
1
2
3
4
5
年
方案32

续图 5-5

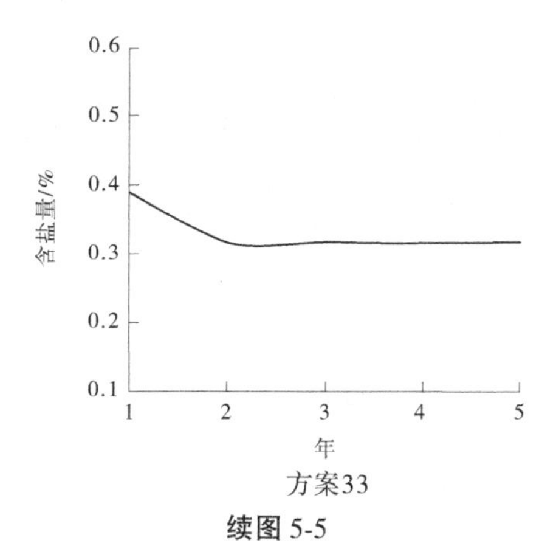

续图 5-5

必须指出的是,本次没有考虑冬季冻融的影响,只考虑了生育期内的土壤盐分变化情况。从河套灌区开展的相关研究成果来看,经过冬季结冻以后,土壤在春季融化过程中将经历强烈的积盐过程,而这一过程随着秋浇定额及前期地下水位的升高而增大。可见在考虑冻融情况下,应严格控制秋浇水量和地下水埋深,以降低盐分累积的可能。

5.4 本章小结

本章在前期土壤水盐监测数据的基础上,基于 Hydrus-1D 软件构建了土壤水盐运动模拟模型,在实测数据检验和校准的基础上,利用模型对不同灌溉管理方案进行了 5 年的长序列预测,并结合预测结论提出对水权转让制度的建议。主要结论如下:

(1)基于 Hydrus-1D 构建的土壤水盐运动模型可以用于不同灌溉方式的模拟。经过校准与检验,模型 Nash-Sutcliffe 系数均在 0.85 以上,可以用于土壤盐分运动的模拟研究。

(2)通过不同灌溉方式与秋浇水量组合构建了 9 个灌溉方案,对不同灌溉方式下土壤盐分变化进行 5 年的长系列模拟。结果表明不采用秋浇的条件下,畦田、喷灌和滴灌均表现出盐分升高现象;50 m^3/亩秋浇定额条件下,畦田和滴灌 0~60 cm 土壤盐分不会出现升高现象,但喷灌仍有上升;80 m^3/亩秋浇定额条件下,不同灌溉方式均出现盐分降低的情况。为维持根区土壤盐分在合理范围内,滴灌需要 50 m^3/亩秋浇定额,喷灌需要 80 m^3/亩秋浇定额。

6　水权转让条件下喷、滴灌工程布置的对策措施

6.1　控盐节水灌溉方式的探索

从节水控盐灌溉的已有研究成果来看，在采取适当措施的前提下，高效节水灌溉技术可以在盐碱化区域推广采用。选择适当的节水方式，综合采用多种技术，是实现节水控盐灌溉的重要途径。

(1)因地制宜选择节水防盐灌溉方式。

目前，我国节水灌溉的发展面临一个误区，即将节水灌溉与喷灌、滴灌等高精度、高投资的灌溉方式画等号，忽略了对国内农业灌溉基本情况的考虑。以新疆垦区为例，至今仍有95%以上的面积采用常规地面灌溉，研究改进地面灌溉技术仍是当前十分重要的课题。当然，在一些经济条件较好的地区，可以选择采用节水效率更高的高精度灌溉方式，节水灌溉制度的选择一定要结合当地实际，不可一蹴而就。

(2)多位一体开展节水防盐灌溉规划。

由于管理方式及管理部门的不同，我国节水、地下水与非常规水利用及土壤盐渍化防治多进行单独规划。但对于盐碱区域而言，充分结合节水灌溉、地下水开发是土地盐碱化治理的有效途径。开展灌区节水、地下水利用及土壤盐渍化防治三位一体综合规划，制定地表水与地下水的联合运用机制，避免单向规划的片面性及资源的重复计算，是促进水资源高效利用与灌区土壤质量提高的制度保障。

(3)研究探索节水防盐灌溉制度。

盐碱化地区的灌溉，在尽量保证节约用水的前提下，既要满足作物需水，又要调节土壤剖面中的盐分状况，因此制定盐碱地灌溉制度除考虑作物需水规律外，还必须考虑盐碱地的水分特点、盐分运动规律和对土壤盐分的淋溶情况。在采用节水灌溉的盐碱化区域，要制定灌水洗盐制度，并预留洗盐水量，给定洗盐用水定额。已有研究表明采用节水型地面灌溉，每4~5年即需要进行一次洗盐，采用滴灌等高效节水方式，每7~8年也应进行一次灌水洗盐。

(4)配套完善节水防盐工程体系。

减少输配水损失,提高渠系水有效利用率,既是重要的节水措施,也是预防土壤次生盐碱化的重要方式。在完善灌溉系统布置的同时,还要逐步扭转灌区重灌轻排的生产误区,逐步完善沟、井、管排水系统,在减少灌溉渗漏量的同时,及时排除田间多余水分,控制地下水位,形成节水防盐的工程体系。

因此,灌区节水改造与盐碱化治理应从大处着眼,因地制宜地选择节水灌溉方式,逐步完善灌排系统,加大对节水控盐管理的执行力度,同时还应综合采用生物的、农作的、化学的改土技术巩固治盐成果,循序渐进、稳扎稳打,形成节水与抗盐的良性循环,实现节水农业的可持续发展。

6.2 喷、滴灌工程的适用条件

根据前述数据结果,喷、滴灌方式的选择主要需考虑土壤质地和地下水埋深等条件。喷、滴灌工程灌溉水量小,土壤湿润深度非常有限,淋洗盐分的能力较弱。从前述分析可知,砂质土灌区土壤盐分的空间分布与土壤质地存在空间相关性,黏粒含量高的区域土壤盐分也较高。因此,若在土壤颗粒较细密的区域采用滴灌或喷灌等高效灌溉方式,则可能造成土壤返盐。

根据《二期规划》喷灌和滴灌主要根据灌区土地类型、土壤质地、地下水动态等,选择在地下水埋藏较深、改造前无盐碱化、土壤渗透性较高的区域进行。按照现状规划实施喷、滴灌区域的本底调查情况,喷、滴灌规划实施区域均选择在砂土区布置。砂质土颗粒较粗,渗透性好,土壤盐渍化程度一般较轻,从土壤质地角度来看现状喷、滴灌工程的布置是适宜的。

从地下水埋深角度来看,在区域上地下水埋深 $H<1.5$ m 的区域土壤盐分含量均较高;从土柱试验来看,当地下水埋深 $H<1.2$ m 时中、低定额灌溉难以控制土壤盐分。因此,在喷、滴灌区域从地下水埋深来看,不宜布置在埋深 $H<1.5$ m 的区域。

6.3 秋浇灌溉制度的增加与设计

从第5章预测结果来看,在实施喷灌和滴灌等高效节水灌溉技术后,观测区地下水埋深有增大的趋势,浅层土壤含水量变化不大,但浅层土壤含盐量升高,从而造成根区盐分富集。

根据《二期评估报告》对灌区喷、滴灌灌溉制度的监测情况,以玉米为例,灌区喷灌净定额为 200~220 m^3/亩,生育期内 7 次,净灌水定额约 30 m^3/亩;滴灌定额约 15 m^3/亩,生育期灌溉 13~14 次,畦田灌溉 4 次,秋浇 1 次(见表 6-1)。从灌溉制度的设计来看,灌区对畦田灌溉保留了秋浇用水,但对喷、滴灌没有设计秋浇灌溉制度。

表 6-1 南岸灌区主要作物的实际灌溉制度

作物	灌水次数/次	净灌水定额/(m^3/亩)	净灌溉定额/(m^3/亩)
滴灌	共 13 次	15.0	195.0
喷灌	第 1 次	29.5	205.4
	第 2 次	28.4	
	第 3 次	30.6	
	第 4 次	30.6	
	第 5 次	29.5	
	第 6 次	28.4	
	春灌	28.4	
畦田	第 1 次	77.8	374.5
	第 2 次	66.7	
	第 3 次	61.1	
	第 4 次	57.8	
	秋浇	111.1	

本次通过实地监测和数值模拟均发现,喷、滴灌等低定额灌溉存在根区盐分累积的情况。若完全不考虑秋浇或喷、滴灌定额淋洗盐分,根区存在盐分累积以致返盐的可能。根据灌溉制度设置,畦田灌溉已经设计了秋浇制度,结合第 5 章模拟结果,砂质土区域 50 m^3/亩的秋浇定额即可达到维持灌区盐分稳定的效果,但在土壤更加细密或地下水埋深较浅的区域则应进一步加大,结合相关研究结论目前设置 100 m^3/亩的秋浇定额是合理的。

而喷、滴灌区域应补充设置秋浇制度。根据前述章节的数值模拟结果,滴灌 50 m³/亩、喷灌 80 m³/亩的秋浇可以在 5 年内使土壤盐分稳定或降低。因此,根据盐分控制要求,喷、滴灌区域应通过保留地面渠道或加大喷、滴灌定额的方式进行秋浇洗盐,按照上述规模增加秋浇后,灌区(以玉米为例)节水控盐灌溉制度调整如表 6-2 所示。

表 6-2 南岸灌区主要作物的优化灌溉制度

作物	灌水次数/次	净灌水定额/(m³/亩)	净灌溉定额/(m³/亩)
滴灌	共 12 次	15.0	230.0
	秋浇	50.0	
喷灌	共 6 次	30.0	260.0
	秋浇	80.0	
畦田	共 4 次	60	340.0
	秋浇	100	

本次监测后,喷、滴灌工程存在土壤盐分累积的可能,通过适当增加秋浇措施可以有效控制土壤盐分。根据南岸灌区水权转让相关规划,水权转让二期工程配套后预期节水量为 12 368.64 万 m³,可转换水量 9 960 万 m³。其中,渠道衬砌节水量 2 737.01 万 m³;渠灌改喷灌节水量 2 822.37 万 m³;畦田改造工程节水量 2 475.28 万 m³;滴灌节水量 1 919.52 万 m³;种植结构调整 2 415 万 m³。渠道衬砌、种植结构调整不会受到灌溉制度调整的影响,畦田灌溉已经设置了秋浇定额,也不受本次定额调整的影响,需要进行节水量调整的灌溉制度主要为滴灌和喷灌。

按照《二期评估报告》灌区喷灌实际完成面积为 9.70 万亩,节水量 1 304.59 万 m³,亩均节水量 134.5 m³;滴灌实际完成面积 21.85 万亩,节水量 3 213.09 万 m³,亩均节水量 147.0 m³。按照本次计算结果,滴灌需要增加秋浇定额 50 m³/亩,喷灌需要增加 80 m³/亩,则考虑秋浇后,喷灌亩均节水 54.5 m³,滴灌亩均节水 97 m³,则两者节水量分别为 528.85 万 m³ 和 2 119.45 万 m³,共计 2 648.3 万 m³,较考虑秋浇之前减少节水量 1 869.4 万 m³。

灌溉制度优化条件下,全部节水措施实施后的总节水量减少为 11 919.42 万 m³,与黄河水利委员会批复水量 12 368.64 万 m³ 相差 449.22 万 m³,同比例核减后可转让水量为 9 535.54 万 m³,核减可转让水指标为 424.5 万 m³。

6.4 其他措施

6.4.1 优化工程布局和运用方式

根据本书分析结果,采用喷、滴灌工程节水需要考虑秋浇等洗盐水量。传统的秋浇多采用地面灌溉,需要配套地面灌溉设施。喷、滴灌等节水灌溉方式实施后会对田块进行调整,如改版规制、减少末级渠道布置等。从前期调研情况来看,由于项目区真正实现喷、滴灌灌溉的田块还非常有限,大部分仍在延续地面灌溉,田间渠道仍在使用中。随着农户生产习惯的调整,喷、滴灌设施的使用率会不断提高,本次建议后期投运后,仍保留田间渠道配置,以满足秋浇用水要求。对于已经进行调整和取消田间渠道的地块,则可以采用加大喷、滴灌定额的方式进行灌溉。前人在新疆等地开展的研究表明,通过加大定额滴、喷灌也可以起到良好的控盐作用。

6.4.2 水权转让制度优化调整

根据分析结果可知,在补充秋浇灌溉制度的条件下,采用滴灌和喷灌节水是可行的,但会造成节水量的减少,从而影响水权转让指标。鄂尔多斯水权转让属政府主导的跨行业转让制度,水权转让的前提是农业节水。节水后因灌溉水量减少、过程减弱,可能对灌区土壤条件和生态环境造成影响。通过本书的研究发现,在水权制度实施过程中,当地政府对节水可能造成的生态问题考虑不足。建议当地逐步完善相关制度,政府预留一部分生态水权,或作为短期指标用于转让,以便在发生生态问题时可以及时调整转让方案,避免造成农户或受让方的经济损失。

6.5 本章小结

本章在前期土壤水盐监测数据的基础上,基于数据监测结果和数值模拟结论提出了喷、滴灌工程的使用条件,优化了节水控盐灌溉制度,并对喷、滴灌工程布置提出了措施建议。主要结论如下:

(1)喷、滴灌工程应选择在砂质土、地下水埋深 $H>1.5$ m 的区域布置,现状灌区规划的喷、滴灌区域基本合理。

(2)考虑秋浇前提下,喷灌亩均节水 54.5 m^3,滴灌亩均节水 97 m^3,两者节水量共计 2 648.3 万 m^3，较考虑秋浇之前减少节水量 1 869.4 万 m^3。考虑秋浇后，全部节水措施实施后灌区总节水量为 11 919.42 万 m^3，可转让水量为 9 535.54 万 m^3，与黄河水利委员会批复节水量 12 368.64 万 m^3 相差 449.22 万 m^3，可转让水指标为 424.5 万 m^3。

(3)为保证秋浇实施，喷、滴灌等节水改造地块末级渠道应予以保留，未保留区域可以采用加大定额喷、滴灌方式实现。建议当地政府考虑节水对生态可能存在的潜在影响，预留生态水权指标，实现灌区节水、工业生产和生态建设多赢。

7 结论及建议

7.1 主要结论

本书针对水权转让二期田间节水改造工程实施后的土壤水盐变化过程进行了田间连续监测和土柱试验,并采用 Hydrus-1D 模型进行模拟预测,得到主要结论如下:

(1)灌区引盐量下降,积盐速度降低,但仍处于累积状态。2009—2016 年灌区引盐总量从 28.9 万 t 降低到 20.0 万 t,呈不断下降趋势,多年平均排盐量 8.6 万 t,2016 年盐分累积量约为 14.3 万 t,水权转让节水改造对灌区的盐分防控具有积极意义。

(2)不同土质灌区的物理特性对土壤含盐量影响有所差异。砂土灌域土壤与物理特性具有明显的空间相关性,土壤电导率与黏粒含量、土壤容重、土壤含水量、导热率及热容量在 2~6 km 显著正相关;与砂粒含量在 2.5~4 km 显著负相关。砂壤土灌域土壤含盐量高于砂土灌域,含盐量与物理特性分布之间相关性均较低,变异性明显增强。

(3)土壤含盐量与地下水埋深显著负相关,与地下水含盐量显著正相关。地下水埋深 $H<1.5$ m 时,0~100 cm 土壤 4—9 月盐分累积率为+23.1%;埋深 $H>1.5$ m 后,土壤处于脱盐状态,脱盐率随埋深深度的增加而增大,埋深 $H>2.5$ m 时盐分相对变化达-35.4%。埋深 $H<1.5$ m 的区域开展水权转让节水改造后,土壤盐渍化风险较大。

(4)水权转让后滴灌土壤盐分存在表层富集现象。水权转让实施的滴灌区 D1、D2 区在 0~60 cm 的土壤盐分相对变化率为+55.8%和+21.3%,0~20 cm 土壤相对变化率为-16.9%和-50.5%,土壤总体呈现表层积盐变化。

(5)根据土柱试验结果,节水后土柱盐分累积风险增加。15 m^3/亩(滴灌)低定额灌溉对 0~0.3 m 土壤盐分存在扰动,盐分相对变化率为-26.2%~+75.1%;30 m^3/亩中定额(喷灌)灌溉对 0~0.4 m 土层盐分扰动明显,相对变化率为-19%~+54.3%;30 m^3/亩高定额(畦田)灌溉后土壤全深度脱盐,土柱全深度盐分相对变化率为-30.3%~+38.3%。

(6)利用 Hydrus-1D 建立了土壤水盐变化运移模型,采用不同灌溉模式、土壤盐分及地下水埋深等不同因子组合在 5 个灌溉周期内对耕作层土壤盐分变化情况进行了预测。预测结果表明,地下水埋深 $H=1.5\sim2.5$ m、砂质土条件下,畦田、滴灌下 50 m^3/亩秋浇、喷灌下 80 m^3/亩秋浇可以实现节水控盐目标。

(7)根据模拟结果考虑秋浇后,喷灌亩均节水 54.5 m^3,滴灌亩均节水 97 m^3,两者节水量共计 2 648.3 万 m^3。全部节水措施实施后,灌区总节水量 11 919.42 万 m^3,可转让水量 9 535.54 万 m^3,与黄河水利委员会批复节水量 12 368.64 万 m^3 相差 449.22 万 m^3,可转让水指标为 424.5 万 m^3。

7.2 主要建议及研究展望

水权转让节水改造工程,对土壤盐分运移规律影响的已有研究很少,受不同盐碱地、不同区域、不同作物的自然因素和人为因素影响而不同,研究成果可复制推广性还需进一步研究。本书研究也存在很多不足之处,需要进行更深入的探讨和研究。

(1)从滴灌观测结果和建立的预测模型来看,灌水量降低后,浅层土壤盐分会出现一定升高,盐分地表及耕层以内存在富集趋势。因此,在水权转让节水改造工程实施时,建议应对土壤存在返盐风险加以重视。根据可能需要的洗盐水量调整水权转让目标,预留生态用水指标,控制灌区灌溉规模,避免节水扩灌,应对土壤返盐对灌区生产带来的不利影响。

(2)本书主要结合观测数据和建立的一维模型对不同灌溉条件下土壤水盐运移变化进行了研究和模拟预测。但灌区的盐分运移并不是垂向的单一运动,在宏观上,盐分按照田间-排水沟-河道迁移,灌区内又存在耕作区-盐荒地的旱排盐过程和作物-耕作层-地下水的纵深运动,是典型的水循环伴生过程。在今后的研究中,需要结合灌区水循环模型建设,研发水-物质耦合模型,系统研究盐分的归趋机制。

(3)本书以玉米为研究对象,随着灌区经济的发展,经济作物的产量会不断增加,在今后的研究中,需要进一步探索经济作物实现节水控盐目标的秋浇定额,从根本上解决二期水权转让工作投运滞后的问题。

参考文献

[1] Douaik A, Van Meirvenne M, Tóth T. Soil salinity mapping using spatio-temporal kriging and Bayesian maximum entropy with interval soft data[J]. Geoderma, 2005, 128(3): 234-248.

[2] Cemek B, Güler M, Kiliç K, et al. Assessment of spatial variability in some soil properties as related to soil salinity and alkalinity in Bafra plain in northern Turkey[J]. Environmental Monitoring & Assessment, 2007, 124(1-3): 223-234.

[3] Wang J, Huang Y, Long H, et al. Simulations of water movement and solute transport through different soil texture configurations under negative-pressure irrigation[J]. Hydrological Processes, 2017, 31(14): 2599-2612.

[4] Huang J, Prochazka M J, Triantafilis J. Irrigation salinity hazard assessment and risk mapping in the lower Macintyre Valley, Australia[J]. Science of the Total Environment, 2016, 551-552: 460-473.

[5] Scudiero E, Skaggs T H, Corwin D L. Simplifying field-scale assessment of spatiotemporal changes of soil salinity[J]. Science of the Total Environment, 2017, 587-588: 273-281.

[6] 张书兵, 王俊, 姜卉芳, 等. 干旱内陆河灌区灌溉条件下土壤水盐运移规律分析[J]. 水土保持研究, 2008(2): 151-153.

[7] 郭全恩, 王益权, 郭天文, 等. 半干旱地区环境因素与表层土壤积盐关系的研究[J]. 土壤学报, 2008(5): 957-963.

[8] 毛海涛, 黄庆豪, 吴恒滨. 干旱区农田不同类型土壤盐碱化发生规律[J]. 农业工程学报, 2016, 32(S1): 112-117.

[9] 彭振阳, 黄介生, 伍靖伟, 等. 秋浇条件下季节性冻融土壤盐分运动规律[J]. 农业工程学报, 2012, 28(6): 77-81.

[10] Liu G M, Yang J S, He L D, et al. Salt dynamics in soil profiles during long-term evaporation under different groundwater conditions[J]. Plant Biosystems-An International Journal Dealing with all Aspects of Plant Biology, 2013, 147(4): 1211-1218.

[11] 姚宝林, 李光永, 王峰. 冻融期灌水和覆盖对南疆棉田水热盐的影响[J]. 农业工程学报, 2016, 32(7): 114-120.

[12] 孙贯芳, 屈忠义, 杜斌, 等. 不同灌溉制度下河套灌区玉米膜下滴灌水热盐运移规律[J]. 农业工程学报, 2017(12): 144-152.

[13] Gran M, Carrera J, Massana J, et al. Dynamics of water vapor flux and water separation processes during evaporation from a salty dry soil[J]. Journal of Hydrology, 2011, 396

(3):215-220.

[14] Nachshon U, Shahraeeni E, Or D, et al. Infrared thermography of evaporative fluxes and dynamics of salt deposition on heterogeneous porous surfaces[J]. Water Resources Research, 2011, 47(12): W12519. 1-W12519. 16.

[15] Zirilli J. Water markets and soil salinity nexus: Can minimum irrigation intensities address the issue? [J]. Agricultural Water Management, 2008, 96(3): 493-503.

[16] Haensch J, Wheeler S A, Zuo A, et al. The Impact of Water and Soil Salinity on Water Market Trading in the Southern Murray-Darling Basin[J]. Water Economics & Policy, 2016, 2(1): 1650004.

[17] 翟家齐，张越，何国华，等. 内蒙古河套灌区节水对区域水盐平衡的影响分析[J]. 华北水利水电大学学报(自然科学版)，2016, 37(6): 24-29.

[18] 杨鹏年，董新光，刘磊，等. 干旱区大田膜下滴灌土壤盐分运移与调控[J]. 农业工程学报，2011, 27(12): 90-95.

[19] Wang Z, Zhao G, Gao M, et al. Spatial variability of soil salinity in coastal saline soil at different scales in the Yellow River Delta, China[J]. Environmental Monitoring & Assessment, 189(2): 80-81.

[20] 王振华，杨培岭，郑旭荣，等. 膜下滴灌系统不同应用年限棉田根区盐分变化及适耕性[J]. 农业工程学报，2014(4): 90-99.

[21] 罗毅. 干旱区绿洲滴灌对土壤盐碱化的长期影响[J]. 中国科学:地球科学，2014(8): 1679-1688.

[22] Wichelns D, Qadir M. Achieving sustainable irrigation requires effective management of salts, soil salinity, and shallow groundwater[J]. Agricultural Water Management, 2015, 157: 31-38.

[23] 牟洪臣，虎胆·吐马尔白，苏里坦，等. 干旱地区棉田膜下滴灌盐分运移规律[J]. 农业工程学报，2011(7): 18-22.

[24] Roberts T, Lazarovitch N, Warrick A W, et al. Modeling Salt Accumulation with Subsurface Drip Irrigation Using HYDRUS-2D[J]. Soil Science Society of America Journal, 2009, 73(1): 233-240.

[25] 余根坚. 节水灌溉条件下水盐运移与用水管理模式研究[D]. 武汉:武汉大学，2014.

[26] Xu X, Huang G, Sun C, et al. Assessing the effects of water table depth on water use, soil salinity and wheat yield: Searching for a target depth for irrigated areas in the upper Yellow River basin[J]. Agricultural Water Management, 2013, 125: 46-60.

[27] 郝远远. 内蒙古河套灌区水文过程模拟与作物水分生产率评估[D]. 北京:中国农业

大学, 2015.

[28] 柯隽迪, 黄权中, 任东阳,等. 河套灌区节水灌溉对土壤盐分累积规律的模拟研究[J]. 节水灌溉, 2016(8):91-94.

[29] Ren D, Xu X, Ramos T B, et al. Modeling and assessing the function and sustainability of natural patches in salt-affected agro-ecosystems: Application to tamarisk (Tamarix chinensis Lour.) in Hetao, upper Yellow River basin[J]. Journal of Hydrology, 2017,552: 490-504.

[30] Konukcu F, Gowing J W, Rose D A. Dry drainage: A sustainable solution to waterlogging and salinity problems in irrigation areas? [J]. Agricultural Water Management, 2006,83(1):1-12.

[31] 吴月茹, 王维真, 王海兵,等. 黄河上游盐渍化农田土壤水盐动态变化规律研究[J]. 水土保持学报,2010,24(3):80-84.

[32] María Fernanda , Hernández-López , Jorge Gironás , et al. Assessment of evaporation and water fluxes in a column of dry saline soil subject to different water table levels[J]. Hydrol. Process. 2014,28(10):3655-3669.

[33] Brahim Askri a , Abdelkader T. Ahmed b , Tarek Abichou , et al. Effects of shallow water table, salinity and frequency of irrigation water on the date palm water use[J] . Journal of Hydrology,2014 , 513:81-90.

[34] 夏江宝, 赵西梅, 赵自国,等. 不同潜水埋深下土壤水盐运移特征及其交互效应[J]. 农业工程学报, 2015,31(15):93-100.

[35] 常春龙, 杨树青, 刘德平,等. 河套灌区上游地下水埋深与土壤盐分互作效应研究[J]. 灌溉排水学报, 2014,33(Z1):315-319.

[36] 陈永宝, 胡顺军, 罗毅,等. 新疆喀什地下水浅埋区弃荒地表层土壤积盐与地下水的关系[J]. 土壤学报, 2014(1):75-81.

[37] 刘广明, 杨劲松. 地下水作用条件下土壤积盐规律研究[J]. 土壤学报, 2003(1): 65-69.

[38] 贾瑞亮, 周金龙, 周殷竹,等. 干旱区高盐度潜水蒸发条件下土壤积盐规律分析[J]. 水利学报, 2016(2):150-157.

[39] 内蒙古自治区水利水电勘测设计院.鄂尔多斯市引黄灌区水权转换暨现代农业高效节水工程规划[R].2009.

[40] 黄河水利委员会黄河水利科学研究院. 鄂尔多斯市引黄灌区水权转换暨现代农业高效节水工程核查及节水效果评估[R].2019.

[41] Kama A A L, Tomini A. Water Conservation versus Soil Salinity Control[J]. Environmental Modeling & Assessment, 2012,18(6):647-660.

[42] 屈忠义，陈亚新，范泽华，等. 大型灌区节水灌溉工程实施后土壤水盐动态规律预测及效果评估[J]. 中国农村水利水电，2007(8):27-30.

[43] 于兵，蒋磊，尚松浩. 基于遥感蒸散发的河套灌区旱排作用分析[J]. 农业工程学报，2016(18):1-8.

[44] 史海滨，李瑞平，杨树青. 盐渍化土壤水-热-盐迁移与节水灌溉理论研究[M]. 北京:中国水利水电出版社，2011.

[45] 王铄，王全九，樊军，等. 土壤导热率测定及其计算模型的对比分析[J]. 农业工程学报，2012,28(5):78-84.

[46] 王全九，毕磊，张继红. 新疆包头湖灌区农田土壤水盐热特性空间变异特征[J]. 农业工程学报，2018,34(18):138-145.

[47] 刘继龙，刘璐，马孝义，等. 不同尺度不同土层土壤盐分的空间变异性研究[J]. 应用基础与工程科学学报，2018,26(2):305-312.

[48] 樊会敏，许明祥，李彬彬，等. 渭北地区农田土壤物理性质对土壤剖面盐分的影响[J]. 水土保持学报，2017,31(4):198-204.

[49] 李娟，赵明宇. 内蒙古黄河南岸灌区灌溉水利用系数测试分析研究[J]. 内蒙古水利，2019(2):57-59.

[50] 姚荣江，杨劲松. 黄河三角洲地区浅层地下水与耕层土壤积盐空间分异规律定量分析[J]. 农业工程学报，2007(8):45-51.

[51] Gao X, Huo Z, Bai Y, et al. Soil salt and groundwater change in flood irrigation field and uncultivated land: a case study based on 4-year field observations[J]. Environmental Earth Sciences, 2015, 73(5):2127-2139.

[52] Minhas P S, Ramos T B, Ben-Gal A, et al. Coping with salinity in irrigated agriculture: Crop evapotranspiration and water management issues[J]. Agricultural Water Management, 2020, 227(C):105832.

[53] 明广辉，田富强，胡宏昌. 地下水埋深对膜下滴灌棉田水盐动态影响及土壤盐分累积特征[J]. 农业工程学报，2018,34(5):90-97.

[54] 徐英，葛洲，王娟，等. 基于指示 Kriging 法的土壤盐渍化与地下水埋深关系研究[J]. 农业工程学报，2019,35(1):123-130.

[55] 麦麦提吐尔逊·艾则孜，海米提·依米提，孙慧兰，等. 伊犁河流域土壤盐分与地下水关系的关联分析[J]. 土壤通报，2013,44(3):561-566.

[56] 田富强，温洁，胡宏昌，等. 滴灌条件下干旱区农田水盐运移及调控研究进展与展望[J]. 水利学报，2018(1):126-135.

[57] 黄晓敏，于宴民，汪昌树，等. 干旱区膜下滴灌棉田灌溉制度及土壤水盐运移规律研究[J]. 节水灌溉，2017(4):24-29, 32.

[58] Ren D, Xu X, Engel B, et al. Growth responses of crops and natural vegetation to irrigation and water table changes in an agro-ecosystem of Hetao, upper Yellow River basin: Scenario analysis on maize, sunflower, watermelon and tamarisk[J]. Agricultural Water Management, 2018, 199:93-104.

[59] 胡宏昌, 田富强, 张治, 等. 干旱区膜下滴灌农田土壤盐分非生育期淋洗和多年动态[J]. 水利学报, 2015, 46(9):1037-1046.

[60] 李明思, 刘洪光, 郑旭荣. 长期膜下滴灌农田土壤盐分时空变化[J]. 农业工程学报, 2012, 28(22):82-87.

[61] 李旭东, 王俊. 新疆棉花膜下滴灌条件下盐分变化及最优洗盐模式的确定[J]. 水土保持通报, 2009(1):115-118.